犬のモンダイ行動の処方箋 2

ケーススタディでわかる犬のしつけ

Accept & Control to be good friends

Doggy Labo代表 中西典子

はじめに

私は、飼い主さんのお宅に出張して犬のしつけをアドバイスする『Doggy Labo（ドギー・ラボ）』を運営しています。あるとき、飼い主さんにこんなことを言われました。

飼い主さん「犬は子どもみたいなものですよね」
中西「でも、子どもではないですよね」
飼い主さん「？？ でも家族ですよね？」
中西「はい、大事な家族です」

この会話について、いろいろなご意見やご感想があるかと思います。犬との付き合い方は人それぞれ。他人に迷惑をかけたり、犬にとって危険や不快がないのであれば、その飼い主さんが心地よいと感じるように付き合うことがいちばんでしょう。

わが家の（故）『ロック』、（故）『コタロー』、『アクセル』、『フーラ』、『アトラス』、『エリオス』、『クロノス』（いずれもミニチュア・シュナウザー）は、私にとってかけがえのない存在であり、愛して守りたい大事な家族です。でも、私は彼らを「自分の子ども」だとは思っていません。「『人』と『犬』という種の違いを尊重したい」というのが私の仕事における大切なポリシーなので、子どもとは思えないのかもしれません。ですから、もし「アクセルママ」などと呼ばれたら、ちょっと違和感があります。

もちろん、愛犬を子どものようにかわいがる飼い主さんも多くいらっしゃいますし、そのお気持ちは理解しようと努めたいです。そして、愛犬の名前を使って「○○ママ」、「○○パパ」と呼び合う文化も尊重したいと思います。強面のお父さんが「ひめパパ」なんて呼ばれているのを見ると、とてもほほ笑ましい気持ちになります。

では、「家族」はどうでしょう? たとえ血のつながりがなくても、一緒に暮らしてお互いを気遣い、支え合う。それが家族だとするならば、犬たちは私の大事な家族です。

飼い主さんからは、「うちの子は、自分を『人』だと思っていて、『犬』だとは思ってないんです」というお話をよく聞きます。私は、犬は自分を「人とも犬とも思っていない」と感じます。また、人を「犬だ」とも思っていません。犬は「人」と「犬」という概念を持っていないのではないでしょうか。

彼らは私たちを「人」と思うのではなく、私たちのありのままを受け入れているのだと思います。2本足で歩く、前足（両手）を使う、それでなでてくれたり抱いてくれたりする、そしてヘンな音（言葉）を出す……。私たち人間のことを、そんな動物だと認識しているのかもしれません。

では人は、犬という動物を尊重し、受け入れているでしょうか。犬たちと一緒に暮らすと、彼らは自分たちの習性に従って人と付き合おうとしてくることがあるでしょうし、飼い主さんと同じ行動をしたがることもあるでしょう。

飼い主さんは犬のそんな行動を、時に「わがまま」と受け取ったりします。犬たちはわがままなのではなく、したい行動をしている（あるいはしたいと主張している）だけ。都合が悪ければ、その行動はしないように飼い主さんが教えるべきなのです。

私が考える犬との理想的な関係とは、「できるだけ彼らの習性を受け入れてやる関係」です。もし、受け入れるには都合が悪い行動があるとしても、教えて変えられる行動ならば、変えてやったほうがお互い幸せでしょう。そしてそれをお手伝いするのが、私の仕事だと思っています。

前著『犬のモンダイ行動の処方箋』で、私（Doggy Labo）のポリシーとして

「ACCEPT＝受け入れる」

「CONTROL＝導く」

この2つをご紹介しましたが、「CONTROL」は以下のように進化しました。

「CONTROL」→「HELP」→「ASK」

「CONTROL」という言葉に違和感を覚え、「HELP」に変えましたがしっくりこず、

ついに「ＡＳＫ＝お願いする」という適切な言葉に出会うことができました。

「受け入れて、お願いする」

人の都合によって犬たちの行動を抑えようとするのではなく、彼らの習性をできるだけ尊重し、お互いハッピーになれる最小限のお願いをしよう、という気持ちが込められています。

今回もノンフィクションのケーススタディに、さまざまな思いとしつけのアドバイスを盛り込みました。前回と同様に、すべてが必ずしもあなたの愛犬に当てはまるものではありません。もし「うちの子と同じだ！」というケースがありましたら、参考にしていただけたら幸いです。

『犬のモンダイ行動の処方箋』に入りきらなかった原稿を読み直して進化させ、加筆修正を経てこの本が出来上がりました。前回に引き続きご尽力くださった緑書房の川田央恵さん、どうもありがとうございます。

そして、『犬のモンダイ行動の処方箋』を手に取ってくださったすべてのみなさんにも感謝いたします。この第2弾もぜひ楽しんでいただければ、本当にうれしく思います。

なお、掲載した犬たちの月齢・年齢は、私が彼らに出会ったときのものです。名前に関しては、飼い主さんたちのプライバシー保護という点を考慮して、仮名を使わせていただいているところもあります。ご理解のほど、よろしくお願いいたします。

contents

＊参考として、それぞれのケーススタディで登場したワンコの犬種名を記しています。

参考文献

『人イヌにあう』コンラート・ロレンツ著（早川書房）
『犬の行動学』エーベルハルト・トルムラー著（中央公論新社）
『動物感覚ーアニマル・マインドを読み解く』
　テンプル・グランディン、キャサリン・ジョンソン著（NHK 出版）
『動物が幸せを感じるときー新しい動物行動学でわかるアニマル・マインド』
　テンプル・グランディン、キャサリン・ジョンソン著（NHK 出版）
『うまくやるための強化の原理ー飼いネコから配偶者まで』カレン・プライア著（二瓶社）
『ムツゴロウの動物交際術』畑正憲著（文藝春秋）
『犬も平気でうそをつく?』スタンレー・コレン著（文藝春秋）
『自分を信じて生きるーインディアンの方法』松木正著（小学館）
『レッドマンのこころー「動物記」のシートンが集めた北米インディアンの魂の教え』
　アーネスト・シートン著　（北沢図書出版）
『犬を殺すのは誰か ペット流通の闇』太田匡彦著（朝日新聞出版）
『動物行動医学　イヌとネコの問題行動治療指針』
　Karen L.Overall 著、森裕司監修（緑書房／チクサン出版社）
『行動分析学入門』杉山尚子著（集英社）
『カーミングシグナル』テゥーリッド・ルーガス著（エー・ディー・サマーズ）

“犬らしい行動”って？

人と犬の共生

基本的なしつけをマスターした飼い主さんと犬には、
その関係性に変化が出てくることも。
絆をより強く、より成熟したものにするために
どうすればよいか、考えてみたいと思います。

本当はどうしたいと思っているの？

前著『犬のモンダイ行動の処方箋』でいちばん最初に書きましたが、復習も兼ねて改めて……。私は「しつけ」と「トレーニング」を、以下のように分けて考えています。

「しつけ」とは、飼い主さんが自ら愛犬との関係を築くこと。そして「トレーニング」とは、何をすればいいかを犬に教えること。しつけにはトレーニングが必要ですし、しつけができていてこそトレーニングが成り立つものとも言えます。この考え方をもとに、初心に戻って「犬にしつけは必要か？」と自分に問うてみました。

私の愛犬『アクセル』（ミニチュア・シュナウザー／♂）は、先住犬として飼っていた『ロック』や『コタロー』（いずれもM・シュナウザー／♂）の子犬時代と比べると、数倍やんちゃでいたずら好きでした。

実家に連れて帰ると、実家の犬でさえ上がれないというのに、私たちが上り下りするのを見てあっという間に階段を上がれるようになりました。1階でアクセルの姿が見えなかったので名前を呼んでみると、慌てて2階から下りてきました。何だか嫌な予感がしたので、気になって2階に行ってみると、ベランダに出る窓の前にウンチが……。一緒に上がってきた実家の母や妹は「アクセルは悪いねえ」と苦笑い。子育て真っ最中の妹は、アクセルを抱き上げて顔と顔を近づけ「こら、アクセル、悪い子」と話しかけましたが、アクセルは彼女の鼻をペロリとなめて愛嬌を見せます。

K9ゲームの大会に出場したときの私（中西）と『アクセル』。トレーニングの成果は徐々に発揮されました。

　では、本当にアクセルは悪い犬なのでしょうか？ 私はそうは思いません。「作業意欲が高い」ということで評価してやりたいくらいです。

　アクセルが2歳になったとき、K9ゲーム（※）にチャレンジすることになりました。それまでもしつけはしっかりしてきたつもりですが、トレーニングらしいトレーニングはしたことがなかったので、まず先輩トレーナーから「クリッカートレーニング」（※）を教わることにしました。

　その当時、私が勉強のために通っていた家庭犬訓練所では、そんな道具は一切使わない方針だったので、クリッカーはとても新鮮でした。「オイデ」、「オスワリ」、「フセ」、「マテ」などの基本的なことはすでにできていたので、クリッカーのメリットを生かして、四つ足でくるりと回るスピンや前足を上げて私の手にさわるタッチ、ハードルを飛んだりトンネルをくぐったりすることも教えました。アクセルは、最初は戸惑っていたようですが、どうすればよいのかがわかると、得意気にやるようになりました。それは10歳になった今でも変わりません。

　最初は家の中、徐々に散歩の途

※「ケイナイン」とは「犬科の」という意味。「K9ゲーム」は、飼い主と犬が楽しむゲームです。
※ボタンを押すと「カチッ」と音の出るおもちゃのようなものを「クリッカー」と言います。「クリッカートレーニング」とは、音による条件づけを利用したトレーニング方法です。

中の広場や近くの公園などでトレーニングするようにして、刺激がある環境でも指示に従えるようにしてきたつもりでした。

　ところが、初めて出場した「第1回 ジャパンK9ゲーム」では、会場のスピーカーから出る大きな音に驚いて固まってしまい、そのうち震え出してしまいました。これは「音響シャイ」と呼ばれるもので、大きな音が怖かったのでしょう。それが原因で、リハーサルの日にアクセルは私の指示にまったく従えなくなってしまったのです。第2回の会場は屋外でした。アクセルは地面の臭《にお》いを嗅《か》ぐのに忙しく、やはり私の指示にあまり従ってくれませんでした。これは、外でのトレーニング不足もあります。

　第3回あたりから、フィールドでの私とのトレーニングの成果が出てきたのか、臭いを気にせずに指示を待つような様子がうかがえるようになったのです。誘導に使っていたおやつも、「大好きなチーズ」から「まあまあ好きなジャーキー」へとだんだんレベルを落とすことができるようになりました。現在では、おやつを使う必要はほとんどありません。トレーニングを続けることで成果が出ることを実感した次第です。

　トレーニングは、ふだんの生活にも影響してきます。アクセルは私と目が合っただけで自分がしていた行動を中断しますし、私の様子を見て、自分が何をすればよい

『アクセル』(写真右)と『アトラス』。私との関係には、それぞれ違いが見られます。

のかを理解しようとします。私が指示を出す気がないときも、アクセルはそんなふうに期待するようになりました。

もちろん、指示に従ってくれるのは非常にありがたいことです。呼べばすぐに来るし、してほしくないことはダメだと言えばすぐにやめます（ただし興奮してしまったときの吠《ほ》えに関しては、我を忘れた状態になるので止めるのが難しくなります。アクセルは子犬のころからその傾向がありましたが、年を取ってからひどくなっている気がします）。

アクセルは呼ぶとうれしそうに飛んで来ますが、私とほとんどトレーニングをしたことがないわが家の『アトラス』（M・シュナウザー／♂／アクセルより年下）は、呼んでもすぐには来ません。しかも、あまりうれしそうではありません（笑）。

私：「アトラス！」
アトラス：「何？」

わが家で唯一の女子、『フーラ』。呼ばれるより、迎えに来てもらうのが好きです。

私：「おいで」
ア：「なんで？」
私：「おいでっ！」
ア：「え、怒ってるの？」
私：「早くっ！」（※）
ア：「しょうがない……（しぶしぶ）」

このように、何度か呼んで私の声のトーンが変わると、やっとゆっくり来るという具合。「今は行きたくない」という自己主張を素直にするのです。コタローも『フーラ』（M・シュナウザー／♀／アトラスの母犬）も、トレーニングらしいトレーニングはしたことがないので、同じような感じです。フーラに関しては、私に「ここに

※早く！という指示は実際には教えていませんが、ニュアンスは伝わるようです。

来てよ!」という感じで待っていることが多いように思うのですが、それは、私が迎えに行ってしまったことがあるからです。

コタローは、聞こえないふりをします(笑)。もう13年近く付き合っているからか、呼ばれたのに行かないくらいでは、強く叱られることはないとでも思っているのでしょう。いや、思っているというよりは、統計的に学習しているのです。呼ばれて行かなかった回数のうち、何回叱られたかを計算して、行ったほうがよいかどうかを判断しているのではないでしょうか。もちろん、犬はそんな面倒くさいことを考えているわけではなく、経験から学習したということです。

そんなわが愛犬たちですが、私にとってはすぐに来てくれるアクセルもかわいいですが、来ないアトラスの行動も“らしさ”が出ていてかわいいと思うのです(もちろん、来なくても困らない場面に限ります)。めったにありませんが、本当に呼び戻さなければならないときは、私の指示の迫力が違うので、アトラスもその空気は読んでビビリながら従います。

コタローの知らんぷりも、フーラの「迎えに来て!」というメッセージもかわいいと思っています。もしアクセルとトレーニングをしなかったら、彼は何と言うだろう……?「私のことを気にしないで、本当にアクセルがやりたいことをやっていいんだよ」と伝えることができたら、彼はどんなに楽しいことをしてくれるのだろう?とも思ってしまうのです。

アトラスはフーラの息子です。わが家で生まれたので、特別かわいくて仕方なく、ちょっと甘やかした感があるからか、アクセルに比べると私を気にしないでやりたいことをやっているように感じます。アトラスはサメのぬいぐるみでプロレスごっこをするのが好きで、私の前にサメを持ってきては

「ワン！」と吠えて「遊べ！」と要求します。飼い主さんには、「要求吠えはどんどんひどくなるので応えてはいけない」とアドバイスしていますが、自分のこととなると情けないものです。つい応えてしまい、それでアトラスと会話をしたような気持ちになっているのです。

　言い訳をさせてもらうと、アトラスは私が無視しているとすぐにあきらめますし、嫌なこと（ブラッシング、歯みがき、爪切りなど）でも素直にさせてくれます。やってほしくないことをしようとしているときは、「ダメ」と言えばやめますし、私が怒ると怖がって奥の部屋まで走って逃げます。ですから、私たちの関係は良好だと思っています。

　このように私とわが家の犬たちとの関係を見直してみると、しつけの一部としてのトレーニングにいちばん力を入れたアクセルと、ほかの犬たちとの差を感じざるを得ません。許せる範囲で自由にふるまっている犬たちと、自分でやりたい行動を抑えて指示を待ってしまう犬。もちろん、アクセルなりに自分らしい行動をしているケースもたくさんあります。それでも「アクセルは本当はどうしたいと思っているのだろう？」と考えてしまうことが今でもあるのは、事実なのです。

写真左から『バーディー』、『コタロー』、『アクセル』、『エリオス』、『アトラス』、『フーラ』。わが家には総勢６頭の犬たちがいます。

"犬らしい行動"としつけ・トレーニングの関係

『ザウバー』の場合
(ボルゾイ/♂/8歳)

2011年10月、駒沢オリンピック公園(東京都世田谷区)で開催された「動物感謝デー」で、ドッグダンスのイベントが行われていました。その中に、優雅に踊るボルゾイと飼い主さんのペアを見つけました。独立して狩りを行う狩猟犬であるボルゾイは決して訓練しやすい犬種ではありませんが、大きな体を悠々と動かしながら、うれしそうに芸をこなしていた姿が印象的でした。

そして2012年の6月、東京都の三軒茶屋にあるフラン動物病院で、私はそのボルゾイと一緒にいました。『ザウバー』が引き寄せてくれた縁で、かねてからずっとその必要性を感じながらも実現できなかった、動物病院とドッグトレーナーのコラボによる「動物病院でのしつけ相談」を開始することになったのです。

動物病院にはたくさんの子犬たちがやってきます。子犬のしつけはとても大切で、その時期にまちがった接し方をしてしまうと、将来問題行動を起こす原因にもなります。正しく接することができれば、成長してからそんな悩みを抱えることなく、心地よい付き合いができるようになるのです。

私自身の「子犬を飼い始めてできるだけ早い時期に、困っている飼い主さんがいたらお役に立ちたい」という気持ち、そしてフランス動物病院側の「プロのドッグトレーナーから、しつけを飼い主さんに指導してほしい」という気持ちがひとつになってしつけ相談を開始しました。

私は動物病院の待合室でザウバーを待っていました。ドアを開けて入ってくる姿を見つけ、あいさつをしようと待ちかまえていたのですが、彼はまったく私に興味を示さず。目の前を素通りしてまっすぐに人間用トイレの前まで行きました。そして「アウ」と控えめな声で鳴いたのです。

え!? 私はザウバーが何かしゃべった気がして、思わず飼い主さんの顔を見ました。飼い主さんは、「え～、今? う～ん、しょうがないなあ」と言ってトイレのドアを開けました。するとザウバーはトイレの中に入り、ちょうど彼の頭の高さにある洗面ボウルに頭を突っ込み、また「アウ」と控えめに鳴いて「水を出せ」と言いました(笑)。飼い主さんが「はいはい」と言いながら、蛇口をひねって水を出してやると、ザウバーはひと口、ふた口、満足そうに飲みました。

そんなステキな〝会話〟が目の前で展開され、私はあっという間にザウバーのファンになってしまいました。何ておもしろい子なんだろう! しかし飼い主さんによると、ザウバーは今よりもっとおもしろいことをたくさんしてくれたそうです。ドッグダンスのトレーニングを始めるまでは……。

“犬らしい行動”って？

◉エピソード1

子犬のころにドッグランへ行っていたときのこと。ザウバーは追いかけられるのが好きで、ほかの犬を誘っては逃げるそぶりをするのですが、その逃げるのが早すぎて追いかけられず、そのうち誰も誘いに乗ってくれなくなったとか。相手の速度が読めなかったのでしょうか（笑）。

◉エピソード2

お散歩デビューの日、散歩から帰って足を洗うために風呂場に入れ、飼い主さんがちょっとほかの部屋で用事をしていると、風呂場からバタバタと大きな音が。慌てて見に行くと、閉じてあったフタが外され、栓が抜けた湯船にずぶ塗れになったザウバーが座っていたそうです。一体何をしたかったのでしょう？　暴れているうちに栓が抜けたようで、溺れなくて良かった！　でもそれ以来、水をとても怖がるようになってしまったそうです。その気持ち、よくわかります……。

◉エピソード3

遊覧船に乗っているときに、ちょうど首が入るすきまがあったようで、上からするすると上手に頭を入れ、近くで海を眺めて楽しんでいたザウバー。気が済んで、頭を戻そうとしたものの……。下方向には入れられたのに真上に引き上げることができず、手前に引いたものだから大パニック！　その方向では頭は抜けないのです。さんざん大暴れした後に、周りの人に助けてもらって無事救出されたのだとか。

◉エピソード4

庭で遊んでいて、部屋に戻りたくなったのに網戸が閉まっていました。そこでザウバーは、平然と網戸を破って入ってきたそうです。

ボルゾイの力なら、まるでカーテンを開けるように破れたのでしょう。網戸がないと困るので、すぐに業者を呼んで直してもらったところ、その日のうちにまた破って部屋に入ってきたとか。その顔は、「網戸があったので、もちろん破りました」と、自信に満ちて（？）いたそうです。

◉エピソード5

ある日、いつも行くドッグカフェの店長さんから「お宅の子が来てるけど、何か飲ませとく？」と電話があったそうです。徒歩数分の距離ではありますが、庭を脱走してひとりでトコトコ。向かった先は、おやつをくれるマスターがいる、いつも飼い主さんと一緒に行くカフェ。これまでの〝犬生〟で3回もひとりで訪問したそうです。

飼い主さんは庭の囲いを強化し、脱走できないように工夫しました。しかし万が一、また脱走してカフェに行くときに危険が少ないように（？）、一緒に行くときは横断歩道で必ず1回座らせて、信号を見て「青」と言って聞かせ、確認してから渡るようトレーニング（と言いますか……）をしていたそうです。犬は色を識別する力はとても弱いと言われますが、車が往来しているか、止まっているのかは判断することができるでしょうから、飼い主さんの努力は報われるかもしれません……？

そんな〝おもしろザウバー〟ですが、2歳になったころ、飼い主さんと一緒にドッグダンスを始めたそうです。ボルゾイはあまりトレーニングが入りやすい犬種ではないと思うのですが、ザウバーはいきいきといろいろな指示に従い、理想の動きをこなしてくれるようになったそうです。

今までは何も考えずに、思いつくままにお

"犬らしい行動"って？

もしろい行動をたくさん披露してくれたザウバーですが、ダンスのトレーニングを始めてからは「これをしてもいい？」と、飼い主さんの表情をうかがってくるようになったそうです。それはすばらしいことですが、飼い主さんいわく「ちょっとつまらなくなった」とのことでした。私はその言葉に愛犬・アクセルを重ねて、複雑な気持ちになりました。

　しつけやトレーニングは、人と犬が心地よく暮らしていくため、そして最低限のルールを教えるために必要なもの。しかしその反面、犬らしい行動を減らしてしまうことにつながるのでは、と考えてしまうこともあります。

　私は、犬が犬らしい行動、たとえばソファや座布団を掘ったり、消防車のサイレンの音を聞いて遠吠《ぼ》えをしたり（迷惑にならない時間帯・程度で）、洗濯物の山に寝そべったり（気になるならまた洗いましょう）、クッションを振り回したり（周りのものにぶつからないように注意）……、そういった行動を目の前で出してくれるとき、人と犬という"種"が共生していることを実感するのです。

　自分自身、犬の問題行動を出さないように、出てしまっても扱えるようになってきた今、迷惑にならない範囲ならできるだけ「ダメ！」と言わない1日を過ごしたい。犬が犬らしく行動できる環境を作ってやりたい。そんな風に強く感じるようになりました。

　ザウバーは、フラン動物病院の川崎院長と私を引き合わせてくれた後、2012年7月11日に、8歳の誕生日を目前に虹の橋を渡りました。君からもらったバトン、しっかりと受け取りました。これから、しつけで困っている飼い主さんのお役に立てるようがんばります。ザウバー、ありがとう。

おなか
すいた‥
そう‥

愛犬のモンダイ行動に対処する 進化版プログラム

私が愛犬の問題行動に悩む飼い主さんのご自宅に伺ったときに、まず最初に取り組んでもらう「ベースプログラム」では、ハウストレーニングやほめ方・叱り方、テリトリーの制限、おもちゃの管理など、主にふだんの接し方についてのポイントをご紹介していきます。〝愛犬との関係を良くするための基本ルール〟と言ってもよいでしょう。詳しくは、『犬のモンダイ行動の処方箋』Ｐ22～をご覧ください。

それを踏まえつつ、ここではさらに個々の問題行動にスポットを当て、対処法について取り上げてみました。甘噛みや要求吠え、マーキング、飛びつきなどにお困りの飼い主さんのための「ベースプログラム進化版」です。ただしすべてがこれで解決するわけではなく、問題が深刻な場合にはこれだけで改善することは難しいでしょう。

また（「ベースプログラム」も同様ですが）、どんなしつけ方法もすべての犬に当てはまるわけではありません。マニュアル通りにやっても問題行動が解決しないケースは当然ありますが、飼い主さんのせいでも愛犬のせいでもないのです。そんなときは、信頼できるプロのドッグトレーナーに相談されることをおすすめします。

前著である『犬のモンダイ行動の処方箋』にも書きましたが、私はまず犬という動物を受け入れて、出ている行動をうまく手助けして変えてもらう方法を考えることを心がけています。それが、犬と仲良くする近道だと信じているからです。

甘噛みをやめさせる

甘噛み自体は悪いことではありませんが、加減を教えないと、飼い主や他人を傷つけてしまうこともあります。加減を教えるポイントは以下の通りです。

1 甘噛みをされて痛くてもできるだけ我慢して、けっして演技で「痛い！」などと叫ばないでください。本当に痛いときは体の反応に任せてください。

2 痛くて付き合えない場合は、叱らずに淡々とハウスに入ってもらいます。おやつでの誘導はなし。この状態で 30 分くらいは放っておくようにします。

＊ ＊ ＊

\ NG! /

甘噛みをやめさせるときに、マズルをギュッとつかんだり、指をのどの奥まで突っ込んだり、鼻ピンしたりするのは×。人の手に対するイメージが悪くなることがあります。ひどくなると、なでようとした手を噛んでくるようになることも。

program ②

トイレを教える（マーキングを防ぐ）

寝起き、食後、運動・遊んだ後に排泄《はいせつ》のタイミングになりやすい傾向があります。
それをうまく利用しましょう。

1 自分で入ったら、排泄するのを静かに見守ります。飼い主さんがあまり見つめすぎると、できなくなる犬もいるので注意。

NG!

トリーツで誘導すると自分で入らなくなるので、やめましょう。ハウスの扉を開けて、自ら入るチャンスを待ちます。

2 排泄が始まったときに「ワン・ツー」などと声をかけると、声の合図で排泄してくれるようになります。やさしく心地よい声をかけることがポイント。声が大きすぎたり力強すぎたりすると、排泄しなくなる場合もあります。

3 排泄が終わったら、やさしいトーンで「いい子だね」などと声をかけ、トリーツを与えます。トイレを覚えてからも、2歳くらいまでトリーツを使うのがおすすめ。マーキングの被害を防ぎやすくなります。

＊トリーツ＝「いつも食べているフードより犬が興味を持つ食べもの」という意味で使っています。

program ③

飛びつきをやめさせる

「犬が飛びつくのは人をバカにしているから」という説もありましたが、それはまったく違うと感じています。犬はうれしくて、人の顔に自分の顔を近づけて口元をなめたいから飛びついていることがほとんどだと思います。

犬が喜んでいる＝興奮している場合が多いので、「やめなさい」という行動を中止させる指示を出しても従えないことが多いでしょう。そこで、「やめなさい」ではなく、飛びつけなくなる行動をするように指示を出します。

ここで最も使いやすいのが「オスワリ」。「飛びつく」と「座る」は同時にできない行動ですから、結果として飛びつきをやめるようになります。

これが習慣になるまで、楽しく練習するのがコツ。飼い主さんと目が合ったときに犬が「わかった!」という表情をして、オスワリするようになるまで練習しましょう。

2 オスワリしたらしっかりほめて、トリーツを与えます。

1 犬が飛びつこうとしたら、「オスワリ」の指示を出します。

program ④

落ち着きのない犬のトレーニング

子犬のときはなかなか落ち着かないのが当たり前です。

ただ、このころに自ら落ち着くような習慣をつけてやると、それだけ落ち着くのが早くなるもの。

ここでは、そのトレーニング方法をご紹介します。

1 犬が好きなおもちゃなどを使って、わざと興奮させるような動きや遊びをします。

2 興奮が高まってきたら、「オスワリ・マテ」の指示を出して、自らじっとするように導きます。じっと待てたらトリーツを与えます。

3 じっとする時間を徐々に長くします。秒数を計る、数を数えるなどして時間を把握しましょう。

お散歩を教える

ここでは、飼い主さんと一緒に楽しく家の近所を歩く散歩を取り上げます。

ポイントは「ずっと飼い主に集中して上を見上げて歩くこと」ではなく、

「飼い主さんと一緒に歩くこと」。

飼い主さんと一緒に歩けているようなら、（犬にとって危険だったり、他人に迷惑をかけることがなければ）犬が多少前に出るのは良しとしたいと思います。一緒に歩けているかどうかを判断する基準は、「飼い主が止まったら、愛犬も自ら止まること」です。

最初はゆっくり歩くのがポイント。一緒に歩けるようになってきたら、歩く速度を変えるなどしてステップアップしていきましょう。飼い主さんの目線は、犬に向けすぎないよう注意。できるだけ前を向いて、姿勢を良くして歩くように心がけてください。

1 犬が歩く位置を、自分の右か左か決めます。（この場合は左）

2 リードは、犬が首を下げると苦しいと感じるくらいに短く持ちます。

3 ゆっくり歩き出し、たまに歩くのをやめて止まります。犬が自ら止まるまで待ちますが、指示や声かけはしないでください。

4 リードをゆるめても犬がじっとしているようだったら、しっかりほめます。

5 慣れてきたら、止まっているあいだは「オスワリ」をさせてみましょう。

6 「行こう!」などと声かけで合図して、一緒に歩き出します。

噛む犬への対処

犬の噛みつきは、とても繊細で複雑な問題なので、ここでは基本的な心がけについて説明します。犬が噛む場合、理由が「怖いから」というケースが最も多いように感じます。されたくないことをされたとき、自分の所有物（食器やおもちゃ、ティッシュ、靴下など）を守るときにも見られる行動です。いずれにせよ、まず「なぜ噛むのか」という理由を突き止め、それに合わせて対応していく必要があります。

やらないほうがよいと感じた対処法は、激しく叱る、叩く、押さえつけるなど罰を与えること。まれに成功する場合もありますが、かえって犬との関係を悪化させてしまうことが多いのでおすすめしません。

詳細についてはP41～「モンダイ行動part 1」を参考にしてください。

＊＊＊

＼NG!／

犬が噛んだときに、叩いたり力ずくで押さえ込むなどの体罰を加えると、逆効果になってしまうことがあるので注意が必要です。

program ⑦

愛犬と遊ぶ

「愛犬とどうやって遊んだらいいのか」というお悩みを持つ飼い主さんは、意外と多いようです。ボール投げや引っ張りっこなどが定番ですが、ここでは私が個人的に好きな遊びを紹介します。

【パペットファイト】

手を入れて動かせるタイプのぬいぐるみで、犬とプロレスごっこをします。

1 犬同士で遊んでいるのを観察すると、お互いの口元あたりを噛みっこしています。それと同じように動かしてやるとよいでしょう。

2 パペットを着けていると、犬の噛み方が強くなることがあるので注意。興奮しすぎたら、「オスワリ」などで落ち着かせましょう。

【じゃらし棒】

わが家の『アトラス』が大好きな遊びです。獲物をハンティングする意欲をかき立ててやるため、実際の獲物の動きをなるべく再現するよう心がけています。

1 棒の先についたおもちゃをすばやく動かします。こうすると、捕まえる過程を楽しませてやることができます。

2 うまく動かすと、犬はかなり興奮します。

3 興奮していても、「チョウダイ」の合図でくわえたものを出せるように練習しておきましょう。

＊犬は猫より力が強いので、猫用のじゃらし棒だと壊れやすいようです。犬用を使うことをおすすめします。

【知育パズル】

遊びの要素としては、運動だけでなく頭を使うことも大切。天気の悪い日が続いたり、犬がケガをするなどで十分な運動をさせてやれないときは、知育パズルもおすすめです。

1 おやつを隠せるタイプの知育おもちゃを使用。いくつかおやつを仕込んでおきます。

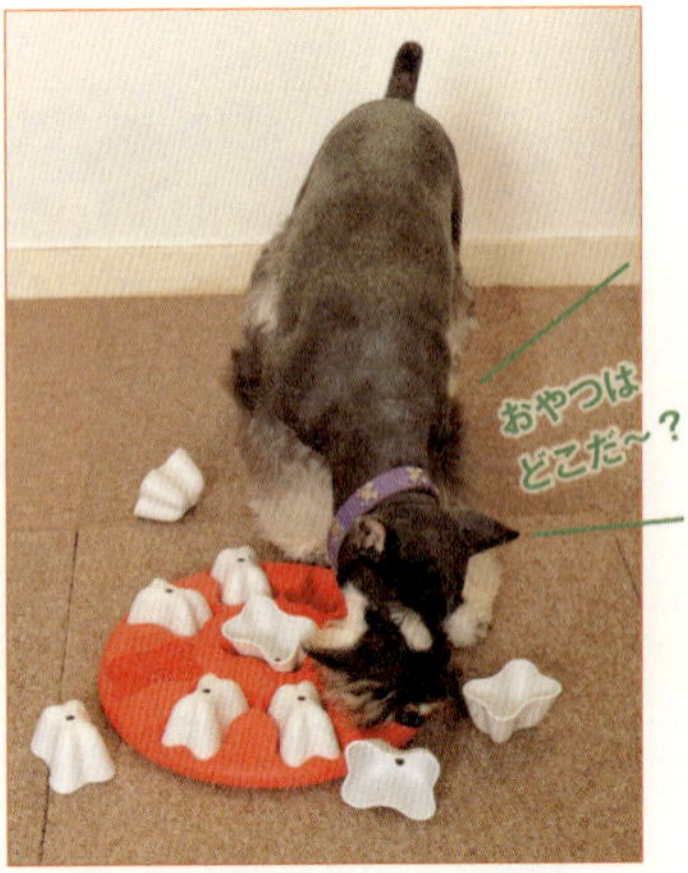

2 犬がニオイを頼りにおやつを探し始めます。どこに隠されているか考えることで、頭を使わせます。

3 子犬のエネルギー発散や、老犬の脳の活性化にも役立ちます。

program ⑧

ケージ内での要求吠えをやめさせる

犬がケージの中で吠える場合には、「出たい」、「出せ」と要求していることがほとんど。
日ごろから、ケージに入れたら「目を合わせないこと」や「話しかけないこと」を
徹底することが大切です。次に「吠えたらうれしいことが起きない」あるいは
「嫌なことが起きる」ということを学習させましょう。

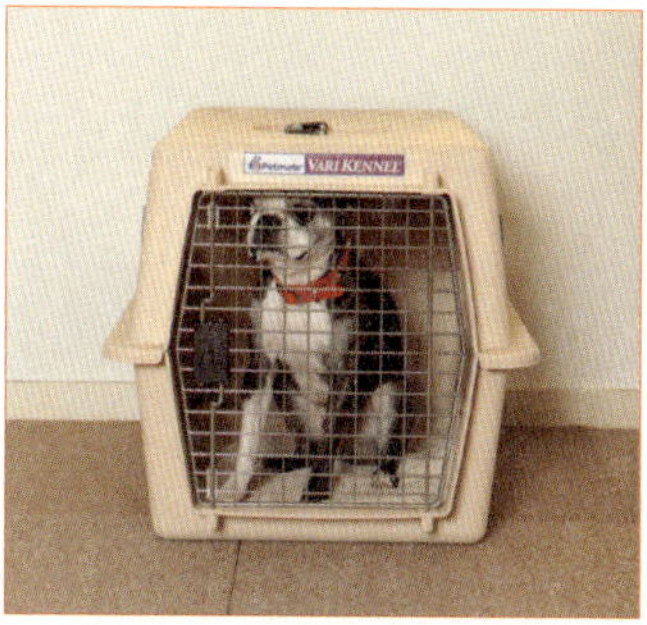

1 犬をケージに入れたら、目を合わせたり話しかけたりなど、あまりかまわないようにします。

2 ケージ内で吠えたら、できるだけすぐに目隠しをするようにケージを布などで覆います。犬から外が見えないようにすること。

3 吠えなくなって１～２分くらいしたら、布を外します。また吠えたら目隠しをして、吠えなくなって１～２分くらいで布を外すことを繰り返します。

4 布を外すまでの時間は、１～５分くらいをランダムに織り交ぜるのがおすすめ。必ず１分で外すようにすると、１分経って外さないと吠え出すようになるためです。

program ⑨

“チャイム吠え”をやめさせる

チャイム吠えの意味は主に3つ。「人が入ってくるのが怖くて吠える」、「人が入ってくるのがうれしくて吠える」、「人が入ってくることにただ興奮して吠える」ことが挙げられます。いずれも、吠えるよりトリーツを食べることを優先してくれる犬であれば、以下の方法で直します。

1 インターホンの下などにマットを敷き、待機するための場所を用意。チャイムが鳴ったら犬をトリーツで誘導します。

2 マットの上でオスワリをさせます。

3 トリーツを与えてそのままそこで待たせます。飼い主さんが玄関で応対して、戻ってくるまで待てるようにトレーニングしましょう。

4 これを繰り返して、「チャイムが鳴る→自ら決まった場所に移動して座る」ことができるようになれば成功です。そうならない場合は、トリーツの魅力を上げるなどしてトレーニングを強化します。

＊トリーツで呼び寄せられないくらい興奮して吠えてしまう場合には、「ガウ缶」を使います（P73参照）。

犬生この3つでOK!（オイデ、オスワリ、マテ）

「オイデ」で飼い主さんのそばに来させ、「オスワリ」で座らせ、「マテ」でじっとさせる。これらができるだけで、チャイムに吠える、来客に飛びつく、いたずらするといった犬の困った行動を防ぐのに非常に役立ちます。それでほとんどすべてが解決できる、と言っても過言ではないかもしれません。

【オイデ】

1 トリーツを手に持ち、こぶしを作ります。

2 それを犬の頭の高さくらいに下ろして犬の名前を呼びます。

3 犬がこぶしに向かって来て、臭いを嗅いだら手を開いて中のトリーツを与えます。こぶしを見つけて必ず来るようになったら、「オイデ」と１回声かけを。

4 完全に来るようになるまでは、トリーツを使い続けます。日ごろからムダに名前を呼びすぎないように注意しましょう。

【オスワリ】

2 お尻が地面に着いたら「それでいいんだよ」という意味の言葉（「ヨシ」など）をかけ、手の中のトリーツを与えます。

1 トリーツを持ったこぶしを上に上げると、犬はそれを見上げて頭が上がります。するとお尻が下がり、座ります。

【マテ】

2 犬が待てそうな時間じっとさせます。最初は数秒程度でもかまいません。

1 「オスワリ」をさせてから、「マテ」の指示を出します。

3「ヨシ」などの言葉でマテを解除し、トリーツを与えます。

4「マテ」から「ヨシ」のあいだの時間は、必ず秒数を数えるようにしてください。そのほうが記録が伸びます。

＊＊＊

NG!

トリーツを床に置く、手のひらに乗せるといった「犬にトリーツが見えるマテ」は、生活のなかで応用が利きづらいもの。「トリーツが見えなくてもじっとしていられるマテ」を教えましょう。

「マテ」のポイント！

トリーツを手に持って指示を出していると、犬としては手が見えなくなると不安になり、動いてしまうことも。それを防ぐには、両手にトリーツを持って「マテ」の指示を出し、犬が見つめていないほうの手からトリーツを与えるようにしましょう。これで、犬は手を見つめるのをやめます。

すると、飼い主さんの手がそこになくてもよいので、「飼い主さんがその場から離れられるマテ」の学習を始められるということになります。

待てる時間は長ければ長いほうが役に立ちます。いろいろな刺激にもじっとしていられるようにトレーニングしておくと、愛犬の身の安全の確保につながり、他人に迷惑をかけることも少なくて済みます。

モンダイ行動 part 1

噛む、うなる

「愛犬が噛む」または「うなる」というお悩みを持つ
飼い主さんは多いもの。
そんな行動には、必ず何か理由があるはずです。

〝噛む犬〟は本当に攻撃的？

仕事柄、私は犬に噛まれたことが何度かあります。自分で飼っていた犬には、（私が子どものころに飼っていた犬も含めて）噛まれたことはありませんが……。

最初に噛まれたのは、柴犬のレッスンでのことでした。オスワリまでをすんなりこなしてくれたため、フセを指示しました。しかし、その犬と私の信頼関係は、フセをしてくれるほどはできていなかったのです。「早くよこせ！」とばかりに、おやつを持った手を噛まれ、そのまま数回、足なども噛まれてしまいました。この柴犬の弁護をするとすれば、「知らないヤツ（私）が来て、オスワリまでは従ったけれど、お腹を床に着けるほどは信頼してない。知らない人だから多少怖くもある。そんなヤツがおやつを持ってるもんだから、早くよこせ〜！ってなっちゃった」んだと、私は思っています。

２回目は、とある飼い主さんのご自宅に伺ったときのこと。リビングに通されたとき、ミニチュア・ダックスフンドがいきなり飛びついてきて、バッグを持っていた私の右手に噛みつきました。さわろうと手を伸ばしたりしたわけではなかったので、ダックスにしてはずいぶんと飛び上がれたものだと感心してしまいますが、やはりじわじわと出血……。このダックスの場合は私の侵入が怖かったようで、それ以降は私に近づいてこようとはしませんでした。

このように、なわばり内に入られたことによる不快感や恐怖からくる噛みつきは非常に多いように感じます。トイ・プードルの『ネロ』(『犬のモンダイ行動の処方箋』P34〜）もそのひとつです。

ポメラニアンの『マロン』のケースは、獣医師の間違った指導が原因で、噛みつきがひどくなってしまったようでした。診察台の上に乗せて診察しようとしたところ、うなって噛みつこうとしたので、獣医さんは飼い主さんに「絶対に犬に負けないように」とアドバイスしたそうです。しつけに関しては、残念ながら「押さえつけること」を主流とした、古いやり方を指導する獣医さんもいるようです。

どんなに暴れても押さえつけても、静かになるまで放さないこと。その通りにしていたら噛まれたそうです。「噛まれても放すなと言われても、痛くて手を放してしまう」と相談したら、その獣医さんから、彼らが使っている〝噛まれても痛くない（はずの）〟特別な手袋を購入するよう勧められたため、飼い主さんはそのごつい手袋を購入。小さなポメラニアンを押さえつけようとがんばったそうです。

しかしそれは逆効果となり、ちょっとでも嫌なことが起きると感じると、マロンは身を守るための攻撃をするようになりました。ハウスに入れられる、ブラッシングをされること自体が嫌なことなのですが、マロンが反抗すると飼い主さんは叱って押さえつけるなど、さらに嫌な〝攻撃〟を加えてしまったので、ケンカになってしまったと思われます。

ハウスはマロンにとって怖いと

ころなので、入ると攻撃的になり、扉を閉めるのにもひと苦労とのこと。そこで私はマロンをハウスの中に入れ、おやつを与えるトレーニングをしました。「いい子だね～」とやさしい声をかけながら、おいしいレバーソーセージを手から与えます。マロンもうれしそうに食べていたので何回か繰り返していると、飼い主さんが「先生、そんなことして大丈夫ですか！」と言いました。

その瞬間にマロンは豹変し、私の指に1回噛みついて、その後はまたハウスにこもってしまいました。飼い主さんが不安な表情を出したと同時に、変わってしまったマロン。つまり、マロンも怖いのです。犬は飼い主の心の動きに反応することができる、それほど敏感な動物だと私は思っています。

飼い主さんはマロンをハウスに入れたまま、ハウスをたたくなどの罰を与えたことがあるそうです。手では怖いので、ほうきなどの武器（？）も使っていたそうです。マロンが豹変した原因は、おそらくそのあたりにあるのではないでしょうか。

「飼い主は意味もなく自分を攻撃してくることがある」と学習してしまった可能性があります。攻撃される意味が理解できていなければ、犬はずっと緊張していなくてはなりません。それは大きなストレスになりますし、愛犬から攻撃性を引き出す原因にもなり得ると思います。実際に、それからしばらく、マロンはハウスの中でうなって出てきませんでした。

マロンとは、根本的に仲直りをしなくてはなりません。飼い主さんには、半年～1年くらいのスパンで絶対に叱らない付き合いをしていただくようアドバイスしました。叱らなくて済むよう、接し方や環境を変えることもお願いしました。

噛みつきには、血がしたたり落

ちるほどのものもあれば、血がにじむ程度、跡がつくくらい、そして跡がつかないくらいのものもあり、それぞれに「嫌だ」、「怖いよ」などのメッセージが込められています。その度合いによっては、こちらが引かなかったら我慢してくれたり、なだめたら攻撃性を収めてくれることも。少々牙《きば》を当てられても、やみくもに叱るのではなく、そのときのメッセージを理解しようとすることが大事なのではないかと、最近ではそう思うようになりました。「噛みつきすべて=悪い攻撃」ではないように思えてきたのです。

私は以前、毎週火曜日は出張レッスンをお休みして、預かりレッスンのために犬の家「ワンピース」（神奈川県川崎市）に出勤していました。そこで受け持ったM・ダックスの『アルフ』（♂／4歳）の話です。

アルフには、飼い主さんや知らない人に噛みつくという問題行動がありました。噛みつこうとする場面は、とくにトリミング・テーブルの上でブラッシングなどのケアをするときです。ふだん接するぶんには、「ちょっと嫌なんだろうな」と思うようなことをしても、怒ったり、噛もうとすることはありません。ただ、ブラッシングのときだけは興奮のスイッチが入っていつものアルフではなくなり、怒って牙をむくのです。おそらく過去に、トリミング・テーブルの上で何か怖いことがあったのではないでしょうか。

お客さまたちから話を聞いていると、犬に対して昔ながらの厳しい扱いをするトリマーさんもいるようなので、アルフが過去に怖い経験をした可能性もあります。なので私は、ブラッシングするときに厳しくやり返さずに、穏やかなトーンで「そんなことしないの」と声をかけ、やさしくなだめてなでてやりました。するとアルフの顔つきは少しずつ変わり、落ち着くようになりました。噛むそぶりをした後、こちらの手をペロペロなめてくれるときもあります。

アルフが人を怖がって激しく吠えてしまう行動についても、大好きなボールの威力を借りて、どんどん良くなっていきました。犬は通常、女性より男性を怖がる傾向があるのですが、テレビ番組の撮影で見知らぬ男性が何人か来たときも、ボールを数回投げてやるとすぐに夢中に。しかも、犬に嫌われて吠えられることが多いという、体が大きな男性にも喜んでボールを持って行き、「投げて！」と会話をしようとしたのです。これには正直驚きました。アルフは怖くてつい吠えてしまうけれど、じつはその人に遊んでほしいのだと表現した……。そう思うと、愛おしく思えてなりませんでした。

そんな風に、人への社会化も順調に進んでいったアルフは、テレビ出演も立派にこなしました。大きなライトとカメラの前で、トイレトレーの上に座るという役目をしっかり果たしてくれたのです。テレビの撮影は、大きなカメラがかなり近くまで近づいてくるので怖がる犬は多いのですが、アルフは不安になると私を見つめ、私が「大丈夫」と声をかけてやると、しっかりとオスワリのポーズを保ち続けてくれました。

犬同士のあいさつでも、最初のころは相手のしっぽを追いかけて空噛みするなど、不思議なあいさつの仕方をしてしまっていたのですが、それもだんだん上手に。今では初めて会う犬にもほとんど吠えなくなり、落ち着いてあいさつできるようになりました。

アルフは、ある程度の年齢になってからの預かりでしたが、「時間をかければこんなにも成長するんだ」と、スタッフ一同本当にうれしい気持ちでいっぱいです。

いろいろな場面で、犬たちが私に対して「いやだ！やめろ！」という意味で牙を当てることもありますが、その牙の圧力で〝許せる範囲〟がわかってきました。本当に噛みつく気があるなら、だいだい一発で流血です。跡がつくくらいなら、ある意味「親切な警告」なので、驚くかもしれませんが、大げさにとらえてはさらに関係を悪化させてしまいます。

「ダメでしょ、そんなことしないの」、「ごめん、ごめん、怖かったね。でもちょっと我慢して、ね」という感じで犬の気持ちを受け止め、基本的には自分の行動は変えずにやるべきことはやり通すようにするとよいかもしれません。

　しかしいったんやめてあげて、もう少しハードルが低いところから慣らしていく作業が必要なこともありますので、プロに相談するのがよいでしょう。おびえて牙を当ててきたときには、犬には感情をぶつけないようにして、場合によってはアイコンタクトを避けることも必要。犬を抱いたり、押さえたりして犬にふれているときは、力が入りすぎると犬に恐怖感を与えてしまい、よけいに暴れることになりますので注意してください。ふだん何気なく入れてしまっている力が、愛犬を怖がらせていることもあるのです。

　多くの噛みつきのケースを扱ってきて感じるのは、犬が噛むという行為には、たくさんの意味があるということ。それを理解して、場面に即した受け止め方をすることこそ、犬の噛みつきを抑制して、人との関係をより良くするためにとても重要なのだと感じています。

　ただ噛みつきの問題は、対象が飼い主さんだけである場合にはともかく、他人を噛んでしまった場合には、大問題になることがあります。被害によっては、多額な賠償請求をされるケースも。そんな事態を防ぐためには、噛みつきの問題改善に経験と自信があるドッグトレーナーを探して、相談することをお勧めします。

噛むようになったワケ

『ぷ〜太郎』の場合
（トイ・プードル／♂／３歳）

飼い主さんは、『ぷ〜太郎』の本気噛みに悩んでいました。８週齢前という若すぎる時期に迎えたぷ〜太郎は、とても元気な子犬。要求吠えする、甘噛みする、飛びつく、のフルコースで、悩んだ飼い主さんはパピー教室に通い、去勢手術も済ませたそうです。でも、一生懸命しつけているつもりなのに行動は悪くなる一方だったとか……。そんな飼い主さんの心が折れそうになったとき、私の著書『犬のモンダイ行動の処方箋』を見つけて読んでくださり、表紙イラストのプードルがぷ〜太郎そっくりだったこともあって、私に連絡をくださいました。

ぷ〜太郎の噛みつき方は、飼い主さんいわく「突然どう猛に野良犬のように食ってかかってくる（！）」のだそうです。しかし、獣医さんやトリマーさんにはうなるだけだそう。ご家族は噛まれていたので、動物病院やトリミング・サロンでも当然噛むだろうと思ったそうですが、獣医さんやトリマーさんにはうなるだけ。カウンセリングの結果、ぷ～太郎の噛みつきの原因が、ご家族の接し方に関係していることがわかりました。

トリマーさんには、一度うなって驚かせてしまったのでお願いできず、獣医さんにもうなったので、不安で診察に連れて行く気になれなくなったそう。噛まれても、自分でお手入れしようとがんばってきたけれど、もう限界……。でも絶対に飼育放棄はしたくないので、どうか助けてください、ということでした。

ぷ～太郎は、生後42日でペットショップに並び、飼い主さんが購入を決定した後に寄生虫や病気が見つかり、手元に迎えるのが遅れたそうです。よほど環境が悪いところで生まれ、飼育されていたのかもしれません。飼い主さんから送られてきた画像を見てみると、当時のぷ～太郎は残したごはんの器の横で、眼もうつろにうつぶせになっていました。育ちざかりの食べたくて仕方ない時期に、よほど具合が悪かったのでしょう。ごはんを残して、こんなに小さな体で闘っていたかと思うと不憫でなりませんでした。

そんなに小さいうちに親兄弟から離されていたら、甘噛みの抑制を覚える時間はほとんどないはずですから、ぷ～太郎の甘噛みがひどいのは当たり前。ぷ～太郎のせいではありません。しかし、古い方法のしつけでは、「甘噛みは絶対にダメ」、「本気噛みにつながるから許してはいけない」などと言われており、おかしな服従を強いられることになってしまうのです。

子犬は甘噛みで「遊ぼう！」という、いわば友好的なメッセージを送っているのに、それを「叱ってやめさせる」という対応は、まちがっていると思います。もちろん、加減ができないと痛いので、痛かったら「痛い」と伝えるのは大切なことです。

ぷ〜太郎をいい子にしようとがんばった飼い主さんは、しつけ教室に連れて行きました。おそらく怖くて伏せられなかったぷ〜太郎を見て、ドッグトレーナーは「頑固な子」と評価したのだとか。「怖くてできない」のと「頑固でやらない」ことは、まったく違うもの。ただ、それを見分けられる人とそうでない人がいることは事実のようです。

そしてこのトレーナーは、ぷ〜太郎のリードを踏みつけて、無理やり頭を床に着けさせました。さらに、甘噛みしたときは「スチール缶を思いっきり床に叩きつけろ」と教えてくれたそうです。ぷ〜太郎をいい子にしようと一生懸命だった飼い主さんは、先生のアドバイスを信じ、何としてでも（遊ぼう!と誘う）甘噛みをやめさせようと、必死で缶を床に投げつけたそう。それでもやっぱり反抗してくるぷ〜太郎。恐怖によるパニックを起こしていた可能性もありますが、トレーナーに「それでも甘噛みや噛みつき、ムダ吠えをやめないんです」と相談すると、「投げるときの気合いが足りない」と……。もっとシャープに、足元を狙って、勢いよく、気合いを入れて投げるよう指示され、「そこまでやらなくてはダメなのか!?」と、半分泣きそうになってしまったそうです。

こうして飼い主さんは、遊ぼう!と甘噛みで誘ってくるぷ〜太郎に対して、缶を思いっきり投げつけてきたのです。ぷ〜太郎にしてみれば意味がまったくわからなかったことでしょう。遊びに誘っているだけなのに、嫌なことは嫌だと伝えようとしてみただけなのに、そんな風に脅かされて恐怖を与えられたら、目の前の飼い主さんは味方なのか敵なのかさえ理解できなくなります。そして甘噛みはいつしか、相手の攻撃をやめさせようとする、恐怖からくる〝本気噛み〟に入れ替わったのです。

また獣医さんからは、「甘噛みしたらこぶしを口の中に思いっきり入れなさい」とか、「キャンと鳴くほどマズルを握りなさい」と指示されたそうです。でも、これ以上口周りをさわられることを嫌いになったら嫌だなと思った飼い主さんは、マズルを握れなかったと言います。

まだ幼い子犬に、缶を投げつけたり、こぶしを口の中に入れたりしていては、仲良くなれる要素はどこにも見当たらないですよね？

一生懸命いい子にしようとがんばって、叱って叱って、叱って叱って育てた挙げ句、犬からの信頼を失ってしまうどころか、恐怖による攻撃性を引き出し、さらにそのレベルを上げてしまっているケースは少なくありません。

そして、プードルにとって必須のお手入れに慣れてほしいからと連れて行ったトリミング・サロン。2回目のトリミングから帰ってきたときに、ぷ〜太郎はキャリーバッグの中でうなり続けて、3時間も出てこようとしなかったそうです。お店で一体何があったのでしょう？　なぜぷ〜太郎は、家に帰ってきたというのに、そんなにもおびえていたのでしょうか……。

いろいろな経験を重ねるうちに、ぷ〜太郎にとって人の手は、「嫌なことをする可能性がとても高くて危険なもの」になってしまいました。ぷ〜太郎は、飼い主さんがいつ怒り出すかと、ちょっとした空気の変化にも敏感になったことでしょう。

でも、どうしたらいいかわからなかった飼い主さんは、恐怖からくる攻撃性を見せるぷ

〜太郎を、ずっと叱ってきたそうです。かえって逆ギレされているようだと気付いたときには、迎えてからすでに3年が経っていました。

実際にぷ〜太郎と接してみると、私の顔を見るなり神経質に、けたたましく吠えかかってきました。怖いから腰は引けまくり、少し近づいては跳びのき、その跳躍距離は1m近く。ぷ〜太郎のジャンプ力に思わず感心してしまったくらいです。何とかして「ぷ〜太郎を傷つけたり、怖がらせたりするつもりはない」ことを伝えたくて、やさしいトーンの声で話しかけながら、持参していったおいしいおやつを彼のそばに投げてやりました。食べてくれたので、仲良くなれる可能性が上がりました。

1回目のレッスンは、接触はせずにおやつをたくさん食べてもらって終了。飼い主さんには、とにかく次のレッスンまで、叱るのを一切やめるようお願いしました。噛まれそうな場面は可能な限り避けることと、（こちらがちゃんと管理すれば、叱らなくてはならないことはあまりできないと思いますが）もし悪いことしたらただ無視するようお願いしました。飼い主さんは、ぷ〜太郎を気にしすぎ、話しかけすぎ、かまいすぎのところがありましたので、それも減らすようにアドバイスしました。しかし頭で理解するのと、実際に行動に移すのではスムーズにいかない部分もあるようでしたので、何度もメールでフォローして、レッスンをサポートしました。

そして迎えた2回目のレッスン。飼い主さんのがんばりもあって、大きな変化が見られました。カウンセリングを終えてぷ〜太郎と接してみると、以前のように吠えかかってくるものの、その時間は明らかに短縮。ぷ〜太郎の変化を確認できたので、それを踏まえて接することにしました。

私がおいしいおやつを持っていることがわかると、ぷ～太郎は怖がりながらも近づいてきて、目の前で座ってくれたのです。「こうすればもらえる」と思ったのでしょう。私はそのメッセージを受け止め、おやつをひとつ与えました。おやつを食べるとき、ぷ～太郎が私の手にわざと牙を当ててきたのがわかりました。ぷ～太郎は、何かを確かめようとしているようです。

私は、「ぷ～太郎の牙を怖がってないよ」、「嫌なことはしないよ」、「牙は使わなくてもいいんだよ」というメッセージを込めて、1粒1粒、大事におやつを与えます。ゆっくり呼吸して、早い動きをしないことも大事。与えるときに少し間を置いてみると、ぷ～太郎はくるっとスピンをしてくれした。おそらく彼の得意技なのでしょう。


「上手だね～。そうか、それが得意なんだね?」。私はうれしくなって、さらにおやつを与えました。するとぷ～太郎もうれしそうに、何度も回ってくれました。また少し間を置いてみると、今度はだんだん私のそばに近づいてきました。そしてそっと立ち上がり、おやつを持っている私の手を嗅いだのです。こんなとき、「座らずに人に手（前足）をかけておやつの臭いを嗅ぐなんて、失礼な!」と叱ってしまう飼い主さんも多いかもしれませんが、ぷ～太郎は仲良くなりたくて近づいてくれているので、それを叱るのはまちがっています。

怖くて仕方がなかったのに、ぷ～太郎のほうから私に近づいてくれたことは大きな進歩です。私はやさしい声のトーンで話しかけながら、おやつを与え続けました。すると、ぷ～太郎はさらに近づいてきて、おやつを通り越し、私の顔の近くまで自分の顔を近づけてきました。そして、ペロペロと顔を数回なめてくれたのです! やった! ぷ~太郎が私に、「こんにちは!」と言ってくれたのです。

その様子を、飼い主さんはドキドキしながら見ていました。ぷ~太郎がそんなことができるなんて信じられず、感動してくれたのです。私も、ぷ~太郎が少しだけ私を受け入れてくれたのを感じて、とってもうれしくなりました。

今まで一生懸命、ぷ~太郎をいい子にしようと叱ってきた飼い主さんに、以下のこともお話ししました。犬種などによって個体の性質はさまざまで、怖がりからくる吠えや噛みつきといった行動が出る場合もあること。とくに妊娠中の母犬にストレスがかかるような環境では、それが胎児にも影響を及ぼしてしまうこと。それによって、耐性が低い子犬が生まれる可能性があることなど……。それは飼い主さんだけが悪いわけでも、ましてぷ~太郎が悪いわけでもないのです。

ぷ~太郎のケースは、飼い主さんがしつけにとても熱心だったことが、かえって問題行動を悪化させてしまったのかもしれません。じつは、こういうケースは珍しくないのです。

ちまたには犬に関する情報があふれています。どのしつけ法が自分の犬に合うのか、一般の飼い主さんが判断するのはとても難しいもの。となるとプロに頼ることになりますが、ドッグトレーナーにも、いろいろな考え方の人がいます。「私はトレーナーです」と言われれば、飼い主さんは信じて頼り、アドバイスされたことを実行するでしょう。

私たちトレーナーは、日々勉強を怠らず、つねに新しい知識を得ることに努めなくてはならないと、改めて実感させられます(※)。

私はぷ~太郎の飼い主さんに、「もう叱ら

※「日本ペットドッグトレーナーズ協会(JAPDT)」では、トレーニング知識や技術の向上に前向きに取り組んでいる意識の高いドッグトレーナーたちが、世界に通用するレベルの講義を受講することができるよう、カンファレンスや勉強会などを開催しています。
http://www.japdt.com/

なくていいですよ。仲直りを始めましょう」とアドバイスしました。今までがんばってきた飼い主さんは、それを聞いて「心がすごく楽になった」と言ってくださいました。上手に力を抜けるようになった飼い主さんの様子がぷ～太郎にも影響し、落ち着いていることが多くなって空気が張り詰めるような感じになることも激減したとのことです。ご家族からも、ぷ～太郎の顔がやさしくなった気がすると言われるほどになったそうで、私も本当にうれしいです。

私は、そんなぷ～太郎に会いたくて仕方ありません。そろそろ、ぷ～太郎の3回目のレッスンです。

噛まれなくなった飼い主さん

『ララ』の場合
（パピヨン／♀／6カ月）

娘さんが欲しがったから飼い始めたというパピヨンの『ララ』。家に来てから日に日に攻撃的になり、「今では抱っこをすることすらできなくなった」という相談を受けました。ブラッシングや足をふく、爪を切るなど、ララにとって嫌なことをしようとするとうなって噛みつくため、家族全員が流血したそうです。

メールをくれたお母さんは、「もう悲しくて情けなくて、〝育犬ノイローゼ〟です！」とおっしゃっていました。こういった相談はかなり多いのが実情。うまく付き合えれば、犬との暮らしはとてもすばらしいものなのに、とても残念に思います。

ララを飼い続ける自信を失った飼い主さん一家は、涙を流すことも多かったそうですが、それでもあきらめず、インターネットでしつけ教室や出張訓練をしているところを探しまくったそうです。

パピヨンなんて、あんなに小さくてかわいい犬種なのに？と疑問に思われる方もいらっしゃるかもしれません。でもだからこそ、あのお顔で鼻にしわを寄せ、思いっきり牙をむいてくる姿を見ると、それはそれはショックだろうと思います。

依頼を受けてさっそくお宅を訪ねると、愛らしいパピヨンがしっぽを振って出迎えてくれました。少し敏感なところがありましたが、愛想は良く、ひどく怖がることもありませんでした。正直「この子が噛むの？」というのが第一印象でした。

なので、ララのことをもっとよく知るために、抱っこをしたり、降ろしてさわってみたり、おもちゃで遊んでみたりしてコミュニケーションを取ってみました。

そして、仰向けにしてひざの上に乗せようとしたそのとき、「ひゃあっ！」と飼い主さんが悲鳴を上げました。「あぶない！　あれ？　噛まないですね？」

ララはおとなしく私のひざの上でひっくり返っています。「なるほど、こうすると噛むんですね？」と私が飼い主さんに確認した途端、ララがうなり出しました。私はできるだけ反応しないように、力が入りすぎないように注意しながら、同じ力でなで続けました。するとまもなく、うなるのをやめておとなしくなりました。ララが力を抜いたのがわかったので、すぐに「おりこうさん」とほめてやりました。ゆっくりとしたストロークで、指でお腹をなで続けてやると、どんどんリラックスしてきて、目を細めるほどに。

飼い主さん（お母さん）はとても熱心な方で、初めて犬を飼うということでしつけの本を何冊も読んで勉強し、日々インターネットで情報を集めていました。それでもなかなかうまくいかなくて、ララがいけないのか、自分がいけないのかわからない、と悩んでいたのです。

しつけの本はたくさん出ていますが、それぞれ違うことが書いてあったりします。本は著者の名前が出るので、それなりの覚悟で書かれると思うのですが、インターネットの情報に関しては「誰が発信しているのか」ということに気をつけてください。たとえば〝いち飼い主さん〟が、自分の犬や飼い主仲間から得た情報だけをもとに判断して書いたとしたら、そのしつけはあなたの愛犬に当てはまるのでしょうか？

私たちプロのドッグトレーナーは、少なくとも数百頭以上の問題犬たちと接しているべきで、その中から目の前の飼い主さんと愛犬に合った方法を判断し、アドバイスするのが仕事です。たくさんの情報の中から適切な方法を選べるということが、いちばんお役に立てることだと思っていますので、悩んだときはぜひ相談してみてください。

私は仕事柄、まちがった情報を信じて愛犬との関係を壊してしまった飼い主さんをたくさん見てきました。ほかのパピヨンのケースを思い出してみても、この犬種の繊細さなどを考えると、甘噛みに対してマズルをギュッと押さえて叱る方法や、指をのどに突っ込んだり、大きな音を出したりして脅かす方法は、かえって行動や状態を悪化させてしまうことが多いのでお勧めしません。

しかしこの方法は、今でもペットショップの店員さんや、獣医さんまでが飼い主さんに勧めているという事実を知り、かなり驚いています。それでうまくいくケースもなくはないのでしょうが、うまくいかなかったケースのほうが多いと思うからです。

飼い主さんからいろいろなお話を伺いなが

ら、飼い主さん一家のララとのかかわり方を観察していましたが、どうやらいろいろな場面において、ララに決定権を与えてしまったようです。

そしてこのケースの最も大きな問題は、小さなパピヨンを、飼い主さんが少しでも「怖い」と思ってしまう点でした。実際、接し方を見ていても、私の目にさえ、飼い主さんが怖がっている様子がわかってしまうのです。犬には確実にばれています。

飼い主さんがララを怖いと思うようになった原因は、ご近所で犬を飼っている人に「噛んだら〝マズルコントロール〟をして絶対に負けちゃだめ！」とアドバイスされたことでした。噛まれたら痛いので、革手袋をしてララに挑んだそうですが、激しく抵抗されて革の手袋は破れ、流血。破傷風予防の注射を打つほどの傷になったことがあるそうです。このことがララとの関係を崩してしまったのは明らかです。

信頼関係がしっかりできていないと、叱っているつもりが、性質の悪いケンカになってしまっている場合があります。ケンカは同等、つまり友達関係の間柄で起きるもの。叱ったときに「逆ギレされる」という現象が起こります。

ララは私に対しては一切噛みついてきませんでした。でも飼い主さんは噛まれます。この場合、ララを「噛む犬」と呼ぶことはできません。「噛まれる人がいる」というのが正しい言い方でしょう。その場合、直すべきなのは「犬と噛まれる人との関係」です。

ララとの関係を改善するため、飼い主さんには、愛犬と正しい関係を作るためのベースプログラム（『犬のモンダイ行動の処方箋』P22〜参照）を実施してもらいました。

ベースプログラムに取り組んでもらうあい

だにとく注意してもらったのは、しばらくは噛まれそうになる場面を作らないようにすることでした。噛まれることに対する怖い気持ちを意識的に消すことは難しいので、無理をせず、自然に怖いと思わなくなるまで、噛まれない時間を少しでも積み重ねていってほしいとお願いしたのです。

ブラッシングなどは、おやつを食べさせながらやってもらいました。大きなトラウマになった可能性がある（革の手袋で大バトルをしてしまったという）足ふきをするときは、おやつには見向きもしないそう。そこで無理にふこうとせず、濡れたタオルの上をたくさん歩かせることにしました。そうすれば、そこそこきれいになります。床が汚れるのが気になるなら、床のほうをふけばいいのです。爪切りや耳掃除など、ララがすごく嫌がることは、トリマーさんや獣医さんにお願いしてもらいました。

でも、そうやって「自分でやらずにプロにお願いしてください」と言うと、「それでは犬に負けたことになりませんか？ ますます凶暴になりませんか？」と心配する飼い主さんも少なくありません。結論から言うと、大丈夫です。最初は逃げていいんです。それは作戦のひとつであって、何カ月も、あるいは数年噛まれない日々が続くことで、飼い主さんが愛犬を怖いと思う気持ちを消そうとしているのです。怖いと思っているうちは、犬のしつけに正しくかかわれないからです。

こうしてララと飼い主さんとの闘いが始まりました。最初は毎日といっていいくらい、「ララに噛まれそうになりました！」とか、「ララに嫌われないか心配です」など、泣きマーク（T_T）の入ったメールが届きました。それでも、「気持ちで負けてはダメです！」と励ましながら根気よく付き合っているうちに、徐々に、お悩みメールの頻度が減りました。

　その代わり、うれしい報告が入るようになったのです。ある日のブラッシングで、おやつがなくてもおとなしくできたので、すごくほめたあたりから、ララの様子がどんどん変わっていったのだとか。

　2回目の訪問のときには、飼い主さんの顔は明らかに前回と違っていました。とてもいきいきしていて、その目には自信が感じられました。

「もうララが怖くなくなりました！」。飼い主さんは、はっきり宣言してくれました。その言葉を聞くまで、2カ月もかからなかったのです。私は飼い主さんに言いました。

「その言葉を待っていたんです。これで私のサポートは終了です。ララのしつけ、バトンタッチしますので、よろしくお願いします！　もちろん困ったときはサポートしますが、もう大丈夫、立派に育てられるはずです」

　その足下ではララが気持ちよさそうに寝そべっていました。

　このケースで大事なことは、ララが「噛まなくなった」ということよりも、飼い主さんが「噛まれなくなった」ことです。噛まれなかった私から見たら、ララは噛む犬ではなかったのです。

　ララは、今では耳掃除や足ふきなどの嫌がっていたことをほとんどさせてくれるようになったそうです。嫌がったときでも「あら、どうしたの？　ララはそんな子じゃないね？」と諭せばすんなりやらせてくれるとのこと。「噛まれないように逃げる作戦」は、飼い主さんの怖い気持ちを消してくれて、大成功に終わったのでした。

革手袋も破れて
流血するくらい
噛まれて…
もう
怖いんです。。
この犬が…
噛むんですか??
えっ!?あれ、
噛まない!!
では…
噛まれないよう
逃げる!
大作戦
ジャジャーン♪
へっ?
で、いきましょう!
逃げて
いいんですか?
いいんです!!

抱っこできない〝猛犬〟

『トノ』の場合
（チワワ／♂／２歳）

『トノ』は、気に入らないことをされると飼い主さん一家の誰にでも噛みつくそうです。飼い主さんが私に相談しようと思ったきっかけは、トノを連れてペットショップに出かけたときのこと。そろそろ帰ろうと飼い主さんがトノを抱き上げたところ、まだ帰りたくなかったのか、トノは突然うなって怒りだし、誰も手がつけられない状態になってしまったそうです。

ほかのお客さんたちがびっくりしてしまうほどの猛犬ぶりを発揮してしまったので、恥ずかしいのと、営業妨害になっては申し訳ないのとで、飼い主さんは慌ててダウンジャケットでトノを包み込み、それごと抱きかかえてお店を出たそうです。

お宅に伺ってみると、予想通りトノはものすごい勢いで私に吠えかかってきました。しかしよく観察すると、私が前に出ると下がり、下がると前に出てきますが、手の届くところまでは来ようとしません。その様子から、これは怖くて吠えている「パニック吠え」なので、怖がらせる動きや、追いつめたりしなければ噛まれないだろうと判断し、そのまま部屋の中へ入りました。

話をしようと腰掛けたのですが、トノは吠え続け、うるさくて話ができません。飼い主さんに、ほかの部屋へ連れていくようお願いしたのですが、噛むので抱いて連れていくことはできないとのこと。ダウンジャケットで、とお願いするのもなんでしたので、どうしたものかと思っていたら、家族総出で「トノ、おいで！　おいで！」と、隣の部屋に来るようにがんばって呼んでくれました。いつまでかかるだろう……と不安に思っていたら、トノはふと気が変わったのか、まるで「今日はこれくらいにしといてやるわ」と捨てゼリフを残し（たような感じで）、すっと振り返ってスタスタと隣の部屋に行ってくれました。彼の名誉のために、逃げた、とは言わないでおきましょう（笑）。

話を詳しく伺うと、トノは自分がされたくないすべてのことにおいて噛みつくのに、食器だけはさわっても大丈夫なのだそうです。それだけは、子犬のころから一生懸命トレーニングをしたからだろう、ということです。器に近づくとうなる、吠える、噛むという犬がいますが、それは占有性攻撃行動と呼ばれるもの。所有欲が強かったり、子犬のころにひとつの器でみんなで一緒にごはんを食べたことがなかったりする場合に、そうなることがあるようです。

どちらかと言うと、器にさわっても噛まないことより、ペットショップから帰るときや、隣の部屋に連れて行くときに抱けるほうがありがたいと思うのですが。

とにかくこの場合、決定権を持っているのはトノ。まずは愛犬との正しい関係を作るためのベースプログラム（『犬のモンダイ行動の処方箋』P22～参照）を実施していただくことにしたのですが、飼い主さんの事情で、ベースプログラムの中で守れないルールがいくつもあるということで中断しました。じつは、飼い主さん自身が心療内科に通っていらっしゃったので、心に余裕を持って大らかな気持ちでしつけに取り組むことが難しいことがわかったのです。

まずは飼い主さんの心身の健康が優先ですので、中止に関しては私も了解しました。器の問題はトレーニングの甲斐あって克服できたのですから、きっとほかも大丈夫なはず。飼い主さんが回復されたら、また一緒にがんばりたいと思います！

TONO ♂ 2才 PB 10分
トノ こっちよ！
ホラ！
トノ おいで！
こんにち…
入ってくんな！
START！
ほら おいで！
トノ こっち こっち
わぁ…
おいで トノ！
オレ様の家だぞ！
トノ トーノちゃん
トノ！
ほら こっち おいで！
…
出てけっ！
TONO ♂ 2才 PB 3分
自己新記録達成！？
…今日はこれくらいにしといてやるぜ
STOP！
はいはい…

ごはんの時間は楽しいもの!

『しょうたろう』の場合
(柴/♂/8歳)

5歳を過ぎたころから、散歩の後でごはんを食べる際に、なかなか食べ始めないことが増えてしまったという『しょうたろう』。最近ではうなって食べ散らかし、最後には飼い主さんに噛みつくようになってしまったそうです。ごはんを地面に置いておいて食べ終わったとしても、器を下げようとすると攻撃的になる、ということで相談がありました。私は2002年から出張トレーニングの仕事をしていますが、この問題で困っている柴犬が多いと感じます。

ふだんの生活ではほとんど問題ないそうなのですが、ごはんのときにとても攻撃的になるので、飼い主さん(お父さん)はしょうたろうを飼い続けることに対して不安を感じ始めていました。外飼いなので接する時間は短く、仕事をしているので日中の時間がそれほど取れないことなどもあり、そういった状態でも改善できるのか、悩んでいたとのこと。

犬の問題行動の多くは、「6カ月齢を過ぎたあたりから気になり出し、だんだん顕著になっていき、少し和らいだかと思ったら2歳くらいにピークを迎え、その後はだんだん落ち着いてくる」という大まかな流れがあるように思います。それが5歳から急にとなると、何か特別なきっかけがあったかもしれません。飼い主さんに、またはしょうたろう自身、彼を取り巻く環境、飼い主さんの生活などに何か変わったことが起きなかったか聞いてみたところ、ちょうどそのころにしょうたろうが中耳炎にかかり、通院するようになったことがわかりました。

犬が痛みや不快感を感じているときに、近づいたりふれようとすると、攻撃的な態度を取る場合があります。野犬などを保護する際には、もし犬がケガをしていたら素手でさわったりしないようにと言われます。痛みがある場合、犬は激しく噛むことが多いからです。

そう言えば、私が大学生のときに実家で飼っていた犬が、かなり良くない状態だと連絡を受け、帰宅したときのことです。犬小屋の下にもぐり込んでいた愛犬に声をかけると、うれしそうにしっぽを振ってくれたのですが、なでようと手を伸ばしたところ、初めて鼻にしわを寄せてうなられました。そのときはとてもショックでしたが、今思えば、相当な痛みや不快感があったのだろうと思います。

しょうたろうのケースも、もしかしたら耳の不快感でイライラしていたのかもしれません。もともと器に関しては所有欲が強く出やすい犬種でもあるので、そんなときに器に近づかれたためにうなってしまったのかもしれません。

飼い主さんとしては、愛犬がうなるという

行動はとても良くないことで、叱るべきこと。ここで引いてしまっては犬に負けてしまう、と思った部分もあったようで、とにかく叱って何としてでも器を取らせるよう、しょうたろうと闘い始めてしまったのです。

相談申し込みのメールをくれた前の日の夕方、散歩から戻っていつものようにごはんを与え、器を下げようとするとうなり、あまりにも激しかったのでついに器を下げることができなかった、ということでした。しかし、次の日の朝、散歩に連れ出そうと庭に行くと、器を下げてもとくに気にする様子はなかったそうです。このケース、最初は私も、器を守るという所有からくる攻撃性だと思っていました。ところが、お嬢さんが器を下げようとしても、しょうたろうは怒らないのだそうです。その話を聞いて納得しました。

このケースは「愛犬が怒って器を下げさせない」のではなく、「愛犬が怒ってしまい、器を下げられない人がいる」という問題なのです。この2つは、似て非なるもの。そうなると、原因は所有ではなくなります。所有が問題なら、誰が下げても怒らなければ成り立ちません。怒られてしまう人の行動に原因があるのです。

そこでさらに詳しく話を聞くと、しょうたろうが怒るのは、散歩から戻って庭につなぎ、器にフードを入れて地面に置いたとき。緊張感が走り、しょうたろうが身がまえてうなり始める、という場面に限るようで、少し時間が経てば器は下げられるとのこと。しょうたろうのごはんは、毎日朝夕、散歩から帰ってから、つながれて犬小屋の前で与えられていました。

レッスンで自宅に伺ったとき、その場面を見せてもらう必要がありましたので、飼い主さんにいつものように再現してもらうことにしました。飼い主さんは心配しましたが、見てみないことには改善の方法はわかりません。噛まれたら噛まれたときのこと、と私も覚悟を決めて庭に出ました。

しょうたろうは、飼い主さんが言うほど怖い犬には思えませんでした。私に対しても警戒や不快感を示すことなく、飼い主さんが庭に来てくれたのでうれしそうでした。散歩での様子を聞くと、ほかの犬に吠えられると逃げてしまうのだそうです。そんな柴犬もいるんですね……。あ、すみません（笑）。

飼い主さんは、フードの入った器を地面に置き、「ヨシ」と合図。しょうたろうは微妙な緊張感の中で食べ始めました。が、しょうたろうの様子はまったく変わりませんでした。念のため、器に手が近づくことに慣らすために、フードよりさらに良いもの、チーズを器に入れるようにお願いしたのですが、いつもこのトレーニングをするときの緊張感がなぜか感じられません。不思議に思ったので、思い切って、「いい子だね～」と言葉でほめながら器を下げてみるようお願いしてみました。飼い主さんは多少身がまえましたが、しょうたろうの様子が穏やかだったこともあり、何とすんなり下げられてしまったのです。しょうたろうは、ふつうの顔をして立っていました。さすがに「あれぇ～？」と不思議がる飼い主さん。

私「飼い主さん、嘘つきました？（笑）」

飼い主さん「いや、こんなはずじゃ……（何でいつものようにやらないんだろう？）」

その様子を見て、私はこんな仮定をしてみました。しょうたろうにとっては、散歩の時間が来る、飼い主さんと散歩に出る、家に戻るとフードの入った器を飼い主さんが持って来て、なぜか飼い主さんが怒り出し、しょうたろうも怖いので応戦、そこでバトルが始まる……というパターンができてしまったのではないか、と。

もちろん最初は、しょうたろうが取られたくなくて少々(?)うなったことが原因で、それを正しくしつけようと叱った飼い主さんとのバトルが始まったというようなことだったのだろうと思います。しかししょうたろうの学習はそれと結びつかず、なぜか散歩の後、器が地面に置かれるとお父さんが怒り出してバトルになる、となってしまったのではないかと思ったのです。

私が見せてもらった場面は、いつもの散歩の時間でもないし、散歩から帰った後でもありません。そんなタイミングでフードを器に入れて地面に置かれたときは、しょうたろうは、自分の身に危険が迫る(お父さんが怒る)とは連想せず、お父さんから身を守るために防衛的な攻撃行動に出なかったのではないでしょうか。

そこで私は、「散歩に出る→家に戻る→ごはんの時間→バトル」という一連の流れを変えてもらうようお願いしました。ごはんの時間は、せっかくおいしいものを食べるうれしい時間なわけですから、やさしく声をかけ、楽しい雰囲気を作るよう心がけてもらいました。そしてできれば庭につなぐのではなく、柵などで囲って、しょうたろうがその中を自由に行動できるようお願いしました。それほど広いスペースでなくても、「つながれている不自由さ」と、「囲いの中で逃げられるスペースが確保できる自由さ」では、動物にとって雲泥の差があるのです。

飼い主さんはさっそく柵を作ってくださり、しょうたろうは係留から解放されました。するとそれからは、緊張した場面になることもなく、あっさりと器を下げさせてくれるようになったということです。

「おかげさまで、その後しょうたろうとは何事もなく、毎日問題なく過ごしております。あのころは思いつめて、もうやっていけないかもと覚悟を決めたりして、何だったんだろうと思います。中西さんに相談して来ていただいたおかげで、すっかりそんな悩みは過去のものになりました。」（※飼い主さんのメールより引用）

　しょうたろうの不機嫌の原因になってしまったかもしれない耳の炎症もすっかり良くなり、治療も卒業することができたそうです。本当に良かったですね。飼い主さん、しょうたろう、これからも仲良く幸せに！

…いい子だね～
あれ？
取れました…ね
いや…いつもはこんなで…
…何で？

column

「ガウ缶」の正しい使い方

『ぷ〜太郎』のケース(P48〜)で、「缶を投げつける」という手段が出て来ました。しかしここで言う「ガウ缶」の使い方は、空き缶やペットボトルにコインや小石を入れて犬のほうへ投げる、という方法とは違います。

ガウ缶は〝ガウ〟という名の通り、犬がうなって相手の行動を止めるときに使う音に代わるものです。人間の声では犬ほどの迫力を出せないので、それを補うために動物が嫌いな音を使うのです。もちろん、缶は犬に見えてもかまいません。

飼い主の制止のキーワード(「NO!」、「ダメ!」、「コラ!」など)に結びつけることによってキーワードの力をアップさせ、いずれ缶が必要なくなるように使うのがポイントです。もし何回も鳴らさなくてはならない場合は、音の刺激が行動を変えるのに弱すぎるか、鳴らすポイントやタイミングなどがずれている可能性があります。これは学習が正しく進んでいない証拠なので、使い方を「ガウ缶の学習理論を正しく理解し使うことができるプロのドッグトレーナー」に相談するようにしてください。

なお、前出の『ぷ〜太郎』のケースではガウ缶は使えません。飼い主さんとの信頼関係が崩れている場合には、ガウ缶の嫌な音、嫌悪刺激を使う方法はふさわしくないからです。犬ときちんと仲直りをしてから使いましょう。また、怖がりがひどい犬の場合にも、使えないことが多いです。

ガウ缶の詳しい使い方については、『犬のモンダイ行動の処方箋』P28〜をご参照ください。

モンダイ行動 part 2

いたずらをする

飼い主さん側から見ると「いたずら」でも、
犬にとっては「高い作業意欲の表れ」と言えることも。
うまく付き合うコツはあるのでしょうか?

いたずらのススメ!?

『コタロー』の場合
（ミニチュア・シュナウザー／♂／13 歳）

飼い主さんが「うちの子はいたずらばかりするおバカさんなんです」なんておっしゃるのを聞くことがあります。しかし、果たしてそれは本当でしょうか？ こんなことを言うと、「また変なことを言い出して！」と思われるかもしれませんが、そもそも「いたずら」って何でしょう？

辞書で「いたずら（いたづら）」の意味を調べてみると、「人の迷惑になることをすること。また、そのさま。悪ふざけ」とあります。犬がする「いたずら」と呼ばれる行動は、確かに人の迷惑になることが多いようです。が、いたずらとは本来「迷惑になることを知った上で行う」のが前提になるかと思います。ということは、迷惑になるとは思わずにする行為は、いたずらとは呼んではいけないと思うのですが、いかがでしょうか。犬が「人の迷惑になるだろう」と思っていたずらをするのであれば別ですが、いたずらしているときの彼らを見ている限りでは、決してそうではないと思います。「楽しいからする」、「したいからしてる」、ただそれだけなんですよね。

「うちの子は、悪いことをしたとわかっている。その証拠に、やった後は申し訳なさそうにしている」と言う飼い主さんもいます。犬は本当に「悪いことをした」と理解しているのでしょうか？

犬がスリッパをかじるときに「スリッパをかじると飼い主が困るだろうな〜」などと思っているとは考えにくいもの。私は、ただかじりたいからかじっているか、飼い主さんが反応するから、それがおもしろくてかじっているか、どちらかだろうと思います。

犬は臭いを嗅ぐことが得意で、その人の臭いがする部分やものも好きです。なかでも足の裏は人気スポット（？）のようで、スリッパはもちろん、靴、靴下、ストッキングも人気ランキング上位です。下着もその人の臭いがつきやすいので、洗っていないものほど人気があります。スリッパや下着はかじりやすい形状な上に、適度に破けたりして、犬の作業意欲を満たしてくれる要素も持っています。人気を集めるのも理解できるというものです。

そしてスリッパ遊びに飽きて放っておくと、そこへ飼い主さんがやって来ます。ボロボロになったスリッパを発見すると、飼い主さんの様子はみるみる変化。それを察知して、「犬は何か悪いことが起きる」と感じ、不安や不快な表情をするのですが、それを見た飼い主さんが「申し訳なさそうにしている」ととらえているのではないでしょうか。試しに、スリッパをかじっていたら、よくほめてやるようにしてみてください。〝申し訳なさそうな様子〟はどこかへ行ってしまうと思います。

ほかにも、飼い主さんが「いたずら」と呼ぶ行動には以下のようなものがあります。家具やカーテンをかじる、テーブルの上の大事な書類を取ってかじる、携帯電話やリモコンを取ってかじる、バッグに首を突っ込んでスナック菓子を見つけて食べる、などなど……。

木製の家具などは、かじると削れますから、なかなか楽しそうです。カーテンはゆらゆら揺れて、じゃれて遊ぶにはもってこい。引っ張りっこもできます。大事な書類も、いつもないところに置いてあると気になるもの。かじってみると紙はビリビリ破れるので、犬にとっては楽しいおもちゃです。携帯電話やリモコンは、いつも飼い主さんが探していたり、さわろうとすると慌てるので、犬たちも気になるのでしょう。バッグの中に首を突っ込んでスナック菓子をゲットするなんて、なかなか優秀なハンターです。

わが家の『アトラス』は、私がバッグをうっかり床に置いてしまうと、必ず中からハンカチを持って行きます。ある日、新しいペンを買ってバッグ内のペン差しに差しておいたら、すぐに気付いて持っていきました。おかげで買ったばかりのペンはガジガジされてしまいましたが、叱るどころか、新しいものに気付いて、それだけを持って行った行動に感心してしまいました。

そう言えば、何年か前に定額給付金がもらえることになったとき、出し忘れないように申請書を封筒に入れて玄関の靴の上に置いておいたら、ビリビリにされたことも。いつもないところに封筒が置いてあったので、すぐに気付いたのでしょう。いつもないところにあるものに関しては、犬はとても敏感です。結局、再発行の手続きをせずもたもたしているうちに、申請の期限が切れてしまい……、でも叱る気にはなれず（笑）。

以上に挙げた行動はどれも、決して飼い主を困らせようとしてやっている「いたずら」ではなく、「やりたいから」あるいは「楽しいことが起きるから」やっている行動だと思います。

ほかにやることがなく犬が暇になる。すると作業意欲がムクムクと湧き、勝手に作業を見つけてそれに取り組む。これが「いたずら」の正体なのです。こんな行動をする犬は、悪い犬なのでしょうか? 私は、いたずらは作業意欲の表れで、すばらしいことだと思っています。

麻薬探知犬をトレーニングするビデオを見て知ったのですが、飼い主に見放され、捨てられて施設にいる犬たちのなかから、作業に向いている犬を探すことも多いそうです。彼らの作業意欲は、高度なトレーニングを入れるのにふさわしいのです。作業意欲が高い犬に作業を与えてやらないと、壁をかじる、ドアを突き破る、床を掘って穴を開ける、ソファを破壊するなどの作業を勝手にやってしまいます。「何がしかの作業をさせなければいけなかったこと」を理解ができない飼い主が、扱いきれなくなって彼らを捨ててしまうようです。

わが家では、家を留守にするとき、もういたずらをする意欲がなくなったと思われる13歳の『コタロー』と、もともとあまりいたずらをしなかった6歳の『フーラ』については、ハウスに入れないで出かけています。

私が家を出る刺激を少しでも軽減しようという気持ちから、出かけるときの儀式として、コタローとフーラを座らせて待たせ、床におやつを一粒ずつ置いてやり、「ヨシ」の合図で出かけるようにしています。ところがある日、ガラス越しに見てみると、フーラがすばやい動きでコタローの分まで食べてしまっていることを発見。何とかコタローにも食べさせたいと思い、いつもお客さまにおすすめしているパズルを使うことにしました。このパズルは知育玩具と呼ばれるもので、犬が頭を使っておやつをゲットするようにできています（P34参照）。パズルならいくつかおやつを仕込めるし、時間も稼げるので、コタローがひとつも食べられないという事態は避けられます。

しかし、それと関係があるかどうかは定かでありませんが、パズルをやらせるようになってから割とすぐのこと。いつものように留守番をさせて家に帰ると、何とフタつきのゴミ箱があさられていました！　家の中で自由にしていたのは、作業意欲が低いはずのコタロー&フーラのコンビ。一体誰がやったんだろうと思っていると、コタローがトコトコとゴミ箱に近づいて、フタを開けようとしました。つまり、犯人はコタロー!?　この13年間、そんなことは一度もしたことがなかったのに、これはうれしいと言うか、びっくりです！

私の勝手な想像なのですが、パズルにチャレンジさせたことで、コタローの脳が刺激されて作業意欲が上がったのではないかと思います。老化防止として、もしくはエネルギーの余っている犬に、このようなおもちゃを与えるのはとても良いことだと実感しました。

とは言え、ゴミをあさられるのは、内容によっては食べてしまっては危険なものもあるし、片づけるのも大変。とりあえず出かけるときには必ずゴミを出しておくようにしたいのですが、私の脳が忘れないようにするのが大変です（笑）。ここは策を講じる必要があります。わが家では、先日高さ65㎝のしっかりしたゴミ箱（スチール製）を購入しました。6800円なり。とにかく、犬より私たち飼い主が賢くなる必要がありそうです。

コタじいとは…
いただき♡
あ…
もう…
DUST BOX
お!
えっ?
ビンゴ♡
呼ばせねぇぜぇ～

たまには一緒にホリホリ!

『ホープ』の場合
(ジャック・ラッセル・テリア／♂／4歳)

飼い主の青木さくらちゃんは、ラジオのパーソナリティー。2008年に、私を含めて4人のドッグトレーナー仲間と「T4(Trainers Four)」というチームで犬関係のイベントの仕事をしていたとき、しつけキャラバンの全国ツアー最終日に、お台場にあるラジオ局である番組を収録しました。そのときに司会を務めてくれたのをきっかけに、お友達としてのお付き合いが始まりました。

さくらちゃんの雰囲気からは、とてもジャック・ラッセル・テリア(以下JRT)を飼うようには見えなかったのですが、ある日レッスンの依頼があったので家に行ってみると、案の定、おもしろいこと(?)を言い出しました。

「ベッドをぐちゃぐちゃにしちゃうし、ソファは掘るし、大きなクッションを振り回すし、走るし、飛び跳ねるし、もうどうにかしてって感じ！」
それを聞いた私は？？？状態。だって、それがJRTじゃないの!? そこで私は質問してみました。「『ホープ』がベッドをぐちゃぐちゃにするのを、〝さくらちゃんが〟イヤだってことだよね？」。予期しない質問だったようで、さくらちゃんはキョトンとしていました。

ところでベッドをぐちゃぐちゃにすることは、そんなに悪いことなのでしょうか。ベッドをベッドと決めたのは（当たり前ですが）飼い主さんです。犬はそれを「ベッド」とは思っておらず、ふかふかしていて気持ちいいから乗りたいときは乗りますが、軽くて持ち上がるし、振り回したら楽しかった！……。犬はそんな風にとらえているのだと思います。

そう言えば、人だってやりますよね。枕はもともと投げるものではありませんが、投げてみるとけっこう楽しいそうです。少し調べただけでも、「枕投げ」に関するたくさんの情報があってびっくり。ほら、人だってやってるじゃないですか（笑）。ベッドをぐちゃぐちゃにしたからといって犬を叱るのは、理不尽だということがご理解いただけたでしょうか。

犬にしてみれば、「こんなに楽しいのに何で一緒に楽しんでくれないんだろう？」、「何で叱られるんだろう？」と、かえって飼い主不信に陥るかもしれません。仲良くなりたい相手とは、できるだけ楽しいことを共有したいものです。そして、私からさくらちゃんへ次の質問を続けました。

中西「では、クッションを振り回すのは、悪いこと？」
さくら「悪いというか、できればしてほしくない……」
中「なぜしてほしくないの?」
さ「ほこりが立つし、破れても困るし」
中「こんなにホープが楽しそうなのに、ほこりが立たないことのほうが大切なのかな?そして、破れなければいいの?」
中「ソファは掘ってはいけないもの?」
さ「……」

さくらちゃんは考え込んでしまいました。
そこで私は、しつけにおいて(今回のレッスンにおいて)いちばん大事なテーマについて話しました。
「仲良くなるために大事なのは、受け入れること。そして、人と犬という異なる種が一緒に暮らすときには、やってほしい行動を教え助けるのが重要。それが『Doggy Labo』のモットーである『受け入れて助ける(ACCEPT&HELP)』ということなんです」
すると腑に落ちたのか、さくらちゃんの顔がすっと明るくなり、大きくうなずいてくれました。ドッグヨガのインストラクターでもある彼女は、アメリカンインディアンの教えをヒントにした私のモットーを、すぐに理解してくれたようです。

それから、ベッドはぐちゃぐちゃにされていいものに。クッションは振り回されたくなければ、手の届かないところに置く。もしくは、振り回してもいいものを与えてやって、ソファは破れないように大きめの厚いカバーで覆われました。受け入れられる範囲で、ホープがやりたいことをやれるようにしてもらったところ、何よりもさくらちゃんの気持ちが楽になり、ホープと通じ合えるようになったそうです。

たとえば、ホープがソファを掘るときの様

子で、そのときのホープの気持ちがわかるようになったのだとか。忙しくて散歩に行けなかった日はすごく激しく、でも楽しそうに「ホリホリ&フガフガ」して、ふんぞり返りながらさくらちゃんに〝どや顔〟でアピール。

ホリホリは、1日の締めくくりの作業でもあるようで、寝る前にホープ自身が落ち着くための儀式にもなっているようです。「オレ、掘ってますけど、ど〜だ〜!」とばかりにさくらちゃんをチラ見するので、「いいよ〜、どんどんやっていいよ〜」と声をかけつつ、たまに一緒にホリホリしてやるととても喜ぶそうです。一緒に掘るなんて、楽しそうですね。それにしても、あのさくらちゃんが、ホープと一緒にソファを掘るようになるとは驚きです(笑)。

さくらちゃんは、この時間を「ホープをとても愛おしく感じる大事なコミュニケーションの時間」として、大切にしているそうです。

自分が発想の転換をすることで、周囲からも「ホープの顔つきが変わった」と言われるほど、仲良しになったさくらちゃん。これからは、もっともっとホープの新しい一面を発見し、一緒に成長できるといいな、とのことでした。ホープはK9ゲームにも参加しているので、ますます絆を深めていってくださいね!

【追記】

K9ゲームでも活躍、いつも元気で跳びはねていたホープ。たくさんの思い出を残して、2017年10月6日、大好きなさくらちゃんに見守られながら13歳と2カ月で虹の橋へ向かいました。友たちと楽しく走り回っていたのに、橋へやってきたさくらちゃんを見つけて、全速力でうれしそうに走ってくるホープの姿が目に浮かぶようです。また会う日まで、待っていてね。

※レッスンを受けてくれた青木さくらさんの感想は、「Doggy Labo」サイト内「お客様の声」で読むことができます。http://www.doggylabo.com/koe/koe-hope/

ようこそ ホープランド へ!
へっ?
こーやって掘ったり、
跳ねたり投げたりして~
んで
これは振り回すの♡
へぇ~
…で、何する?
えっとぉ~
一緒に 掘る♡

column

消されるはずだった命

私が今までに飼った犬はすべて、ブリーダーから譲ってもらった子たちでした。そろそろレスキューされた犬を迎えたい、里親になりたいと思うようになってきていたある日、フェイスブックである投稿が目に留まりました。

「シュナファンのみなさん……お願い（T＿T）」

シュナウザーで泣きマーク⁉ これは大変！ということで続きを読んでみると、そこにはこう書いてありました。

「両目が見えないシュナをブリーダー崩壊現場よりレスキューしました。〝商品〟にならないこういう子たちは繁殖のために使い回されるか、処分されてしまいます。今回は放置されていたので、処分されずに済んだのかもしれません。

目は見えないけど、元気だし、一生懸命私の声がするほうを探して、首をかしげてしっぽを振って歩くんですよ……。みなさん、応援よろしくお願いします！ どうぞどうぞ、この子が幸せになれるように、この子の本当の家族ができるように、応援よろしくお願いします‼」

（※原文より抜粋して掲載）

この記事を見てしまってから、そわそわと気になって気になって仕方ありませんでした。全盲の子犬なんて、飼い主さんが見つかるのだろうか？ 亡くなる前の数カ月、わが家の初代犬『ロック』が全盲になっていたので、何となくはわかっていたけれど、自分で飼う際に不安がないと言ったら嘘になります。

しかし、ドッグトレーナーとして、一般の飼い主さんよりは彼の能力を伸ばしてやれるのではないか、彼にとって心地よい環境を作ってやれるのではないか、いろいろ考えてしまいました。友人に写真を見せて相談してみると「へぇ、かわいいね。それで、いつ来るの?」。そう言われると、何か不思議な力に背中を押されるのを感じ、記事を見た次の日には里親に立候補していました。あとで友人に聞いたのですが、あれは冗談だったとか（笑）。

目が見えないのだから、健常な子犬より手がかかるだろうと思い、比較的家にいる時間が長い日が続くスケジュールを選んで、お見合いの日を決めました。そして2012年9月20日に、動物保護団体「Wonderful Dogs」さんが、みんなを明るくする、太陽のような犬になってほしいとの願いを込めて『太陽』と名づけられた、全盲の小さなM・シュナウザーを連れて来てくれました。正式譲渡が決まってから、私は太陽に『Helios（エリオス）』という新しい名前を付けました。これは、ギリシャ神話に出てくる太陽神の名前です。

お見合いの日までは、Wonderful Dogs さんのブログで、太陽がほかの預かり犬たちとふれ合っている様子や、自らハウスに戻れることなどをほほ笑ましく読んでいたので、さほど不安はありませんでした。実際、

わが家の一員となった『エリオス』。彼との出会いは、私にとって非常に大切なものとなりました。

わが家の犬たちに出会っても、とくに怖がることなくふつうに接しているように見えました。わが家の犬たちも、最初こそ気にしていたものの、すぐにふだんの状態に戻りました。こうして、トライアルの2週間が始まったのです。

まずは、エリオスにトイレを教えなくてはなりません。目が見えないので時間がかかるだろうと覚悟していたのですが、朝起きてハウスから出し、そのままおやつでトイレまで誘導し、トイレから出られないように柵をして、「ワン・ツー」（が理想でしたが、実際は「シー・シー」）にと声をかけ、排泄するのを待ちました。排泄できたら、特別に焼いたほんのり甘いたまごボーロを与えるようにしたのですが、4、5日目あたりから自分でトイレに行くように。10日目には、誘導せずに自分でトイレに行って排泄できるようになりました（P113～参照）。インターネット上に動画をアップしましたので、興味のある方はぜひ見てみてください。

私は週に1回、子犬～成犬を預かって遊ばせたりトレーニングをする施設である犬の家「ワンピース」に出勤しているのですが、エリオスも一緒に出勤し、昼間は通園している犬たちと遊ばせてもらうことにしました。

初めての場所だと、慣れるまではどうしてもいろいろなものにぶつかってしまいがち。でもドッグランに入れても、見えないのに臆することなくどんどん歩き、コツコツぶつかりながら初めて会う犬たちの臭いを嗅いだり嗅がれたりしながら、それなりに楽しそうに過ごしているようでした。3回目の登園のときには、同じ月齢くらい（当時5カ月）の『たっぷ』くん（T・プードル×M・ダックス）と遊ぶことができたのです！ たっぷくんが逃げると、エリオスはまるで見えているかのように追いかけて、前足をかけてみたり、たっぷくんが着ているシャツを引っ張ったりしていました。

家でのエリオスの動きを見ていても、本当に見えていないのだろうかと疑いたくなるくらいです。「目が見えないからこれはできないだろう」という浅はかな私の予測をどんどん覆してくれて、毎日新しい感動をもらっています。これからも、エリオスから教わることはたくさんありそうです。

エリオスは、繁殖場の人が〝犬の競り市〟で売るために連れて来た犬たちのうち、売れない犬やいらなくなった犬を置いていく施設に連れて来られました。この犬たちは、ほかに欲しい人がいたらもらわれていくそうです。でも、もらい手がなかった犬は……処分されてしまうのだそうです。

もちろんすべてではありませんが、こうした競り市から子犬を仕入れているペットショップがあるのは事実です。まだまだ遊びたい盛りに親きょうだいから引き離され、ガラスのショーケースにひとりぼっちで入れられます。本当ならきょうだいと遊び、親犬に叱られて過ごすはずの時間を、水飲みとトイレしかない箱の中で、ひとりぼっちで過ごしている子犬たちが買われていくのです。

新しい飼い主と出会えて、幸せになれる子犬たちがいる裏側で、エリオスのように、捨てられて殺される命があるという現状……。

私が自分のフェイスブックページに投稿したエリオスに関する記事に、こんなコメントを寄せてくれた方がいました。

2人のわが子に、エリオスが正式譲渡されるに至った経緯を話していました。下の子が、「どうして目が見えないからって捨てられちゃうの?」と尋ねました。「捨てられちゃうだけじゃなくて殺されちゃうことだってあるんだよ」と言ったら、「何で? どうして?」と真剣なまなざしで質問されてしまい、正直答えに窮しました。

(※原文の一部を抜粋)

どうして、目が見えないから捨てられてしまうのか? 売れないからといって殺してしまうのか? それがまちがっていることだとわからなくなってしまった大人たちは一体どこでどう、迷ってしまったのでしょう。

そして当の本犬・エリオスは、そんな人間を恨んだりしていません。動物から教わることがあまりに多いことに、改めて驚く毎日です。

モンダイ行動 part 3

ほかの犬との関係

ほかの犬との関係がうまくいかない、というのもよく聞くお悩みです。
それを矯正するトレーニングは大事ですが、
ちょっと見方を変えてみるのもいいかもしれません。

どんな犬とでも仲良く?

『ケンタ』の場合
(ウエスト・ハイランド・ホワイト・テリア/♂/3歳)

「ドッグランでほかの犬を噛んでしまった」ということで相談を受けました。ドッグランに遊びに行ったときに、去勢していないオスのテリアと争いになり、相手の耳に小さなケガをさせてしまったそうなのです。『ケンタ』もその犬も、去勢はしていませんでした。

飼い主さんによると、ケンタは誰彼かまわず噛みつくわけではないそうです。ドッグランで、相手のテリアもケンタのことが気になり、しつこくしてきていたそうです。もともとは、ネズミやイタチなど小型の害獣と戦えるほど勇敢なテリア種、しかもお互い去勢をしていない男子ですから、どうしても決着をつけなければならなかったのでしょう。

「やるかっ!」

「おう、やろうじゃないかっ!」

なんてやり取りがあったのだろうと思います。それは、ある意味自然な成り行きとも言えます。放っておけばいいのについ、ということは、よくある（？）ことなのかもしれません。人間から見ても、とても人ごととは思えませんね（苦笑）。

アイコンタクトは、犬にとって非常に大切な意味があります。それは「あなたに用がある」というボディランゲージになっているためです。〝用〟にはいろいろな種類があります。代表的なもののひとつは、「遊ぼう！」というメッセージ。相手にちょっかいを出したいときに使います。

犬が両前足を地面に着けて上半身を低くし、お尻を高く上げてうれしそうにしているとき（これを「プレイボウ」と呼びます）は、相手と遊びたいのです。誘われた相手は、付き合うなら見つめ返し、合図で遊びがスタート。同じようにプレイボウをすることが多いようです。友好的な犬は、人がプレイボウのまねをしてやると、喜んで応えてくれます。

とてもかわいいので、ぜひやってみてください！（ただし、無視されて「うざい」という顔をされることもあるのでご注意を……）

もうひとつは「やるか！」というケンカの吹っかけです。四肢をまっすぐしっかりと地面に着け、耳としっぽを高く上げ、「ハックル」と呼ばれる首筋あたりの毛を逆立て、じっとして動かずに相手の目をにらみつけるようなアイコンタクトを取ります。これは一触即発、高い確率でケンカが始まる可能性があります。どちらかが目をそらした場合には、「あなたと戦う気はありません」というサインになってケンカには発展しないのですが、どちらも引かない場合はケンカが始まってしまいます。

このように、犬同士のあいさつでケンカになりそうなボディランゲージが見られたら、（とくに去勢していないオス同士の場合には）

注意すべきです。対処法としては、まずはゆっくり目線を合わせないようにしつつ、刺激しないように落ち着いて気をそらしながら徐々に引き離すのがよいでしょう。

このときに飼い主さんが大きな声を上げたり、慌ててギュッとリードを引くと、かえって犬を興奮させることになります。それをきっかけにケンカが始まる場合もあるので注意が必要です。

また、最初は仲良さそうに鼻先でクンクンとお互いの臭いを嗅いでいたのに、急にガウガウ始まった、という話もよく聞きます。これは、最初に臭いを嗅ぎ合うときに決して仲が良いわけではなく、臭いを嗅ぎ合ってみた結果、お互いに同格くらいであることがわかったケースが多いようです。「で、どうする？お前が引き下がるか？それともやるか？」というような暗黙のやり取りがあった末、両者引かない場合に決着をつけようとして、ゴングが鳴らされてしまうのです。ですから、ケンカの心配がある場合には、軽くでもクンクン相手の臭いを嗅いだら、すぐに引き離すか、最初からあいさつをさせないことをおすすめします。

もちろん、犬にだって言い分はあります。私は、どんな犬とも仲良くする必要はないと思っています。人と同じく、犬同士にも相性があるもの。どんな犬とも仲良くできる犬は、それはそれで良いことですが、できない犬が悪いわけではありません。

このような犬の事情を知った上で判断すると、ケンタのケンカはどちらかが悪いということではないと思うのです。結果としてケンタは無傷で相手のテリアが負傷。ケンタが勝ったと考えてもよいと思います。決着がついたのだから、相手はもう突っかからなければいいだけの話です。

相手の犬が最初から「ケンタのほうが圧倒的に強い」と感じていたらおそらくケンカにはならなかったでしょうし、逆もまたしかりです。

キャバリア・キング・チャールズ・スパニエルのオスとケンカになりそうになったときは、ケンタがひと言「ガウッ!」と言ったら、相手はそそくさと逃げてしまったそう。それが正しい犬社会のルールだと思うのです。もちろんケンタは、それ以上相手を追うこともありませんでした。

そんなケンタにも、同じウエスティーの先輩で、『シーザー』という絶対にかなわない相手がいるのだとか。シーザーがそばに来ると目をそらし、頭を下げて服従のポーズを取るそうです。シーザーから過去に一発「ガウッ!」とやられたことがあるらしく、そのときに決着が着いているのでしょう。

「相性の合わない犬でも、どうしてもケンカしないであいさつできるようにしたい」という飼い主さんからの要望があれば、何週間、あるいは何カ月もかけてそれなりのトレーニングをすることはできます。しかしそれは飼い主さんにも、たくさんの時間とエネルギーを費やしていただかなくてはなりません。

ケンタの飼い主さんは「そこまでは望まない」ということでしたので、次のようなアドバイスをしました。

①散歩のとき、知らない犬とはあいさつさせない（とくに去勢をしていないオスには注意)。
②どうしてもあいさつする場合には、3秒くらいクンクンさせたら、静かに気をそらしつつ引き離して、速やかにその場を立ち去る。
③ドッグランに連れて行く場合には、相性が良くなさそうな犬がいないか必ず確認する。相性が悪そうな犬が入ってきたら、すぐにド

ッグランを出る。できれば、相性が良い犬たちと貸し切りで使うようにすること。

ドッグランでは、呼び戻しのトレーニングをしていたとしても、テリアの気質や去勢していないオスで興奮しやすい、という条件を考えると、「オイデ」の指示が本当に聞こえなくなる可能性もあります。そこで、オイデができるようになっても過信しないよう注意しました。

飼い主さんの判断で、「犬はドッグランが好きなはず」と決めてしまうことも危険です。もしかしたら、犬はちっとも楽しくなくて、ドッグランがあまり好きではないかもしれません。

レッスン後の様子を聞いてみると、今のところケンタがほかの犬に噛みついてしまったことはないそうです。もっとも、それは飼い主さんが考え方を変え、無理にほかの犬と仲良くさせようとしていないからということもありますが、相性の良い犬たちとは遊べているし、そのほうがケンタも楽しそうなので満足しているということです。

犬には、人間と違ってお付き合いや世間体、社交辞令などは必要ありません。ドッグランで、絶対に噛まれない、あるいは自分の犬が相手を噛まないという保証はありません。不安があるようなら、〝ドッグランから出る勇気〟を持つことは、とても大切なことなのです。

ガウッ
すんません…
おうっ!
あ、どーも
やんのか
LOSER
WINNER!
キャン

前の子もあなたも大好き

『もえ』の場合
(ゴールデン・レトリーバー／♀／推定３歳)

『もえ』は保護された犬です。人にはとてもなついているので、以前は飼育されていたことがあると思われます。家の中ではほとんど問題ないそうなのですが、散歩中やドッグランでほかの犬に吠えかかってしまうことがある、という相談を受けました。

会いに行ってみると、もえは本当に人なつこい女の子でした。愛きょうたっぷりに近づいてきて、なでてほしいと要求します。慣れるのも早く、私の手に甘噛みをしてきました。

わが家の『アトラス』も甘噛みしますが、慣れてない人にはやりません。なので、アトラスに甘噛みされる人がいたら「良かったね、アトラスに認めてもらえたみたいよ」と言っているほどです。もちろん力の加減はできているので、痛くないはずです。慣れていない人はびっくりするかもしれませんが、甘噛みされるのが嫌な人は、彼の大好きな遊びを否定することになりますので、アトラスと仲良くなれないかもしれません（笑）。

　さて、私はもえに甘噛みされ、そんなに早く受け入れてもらえたと実感してうれしかったのですが、飼い主さんは驚いたようです。ご安心ください、もえの甘噛みは加減もできているし、きっと仲良しのサインなのだと思います。前の飼い主さんがやらせていたのかもしれませんね。

　犬は笑う、笑わない、と諸説ありますが、甘噛みしているときのもえの顔は、本当にうれしそうに目を細めていて、まるで笑っているように見えます。今では、お宅に伺ってリビングルームに通されるや否や、もえが私の腕をくわえてハムハムした後に寝そべるので、私がお腹のあたりを軽くマッサージしてやる、というのがお決まりのあいさつになりました。

　そんな様子を見ていると、外でほかの犬に吠えかかる姿が想像できませんでしたが、レッスンで散歩に出た初日にそれを確認することができました。

　今回の相談は吠えの問題でしたが、それ以前にまず、散歩でもえに引っ張られてしまっている飼い主さんが気になりました。もえが行きたいほうへ、行きたい速度で連れて行かれてしまっている感じだったのです。それでは、吠えかかってしまったときにとても止められないので、ジェントルリーダーを使うことにしました。これなら、首輪で引く1／3

ジェントルリーダー。マズルをコントロールするので、首輪よりも少ない力で犬を扱えます。

くらいの力でもえをコントロールできます。歩く位置も、右へ行ったり左へ行ったりしてとても危険だったので、飼い主さんの希望で左側に決めました。

「もえの歩きたいように歩く→もえに決定権がある→飼い主の指示に従いにくくなる→吠えるのを止められない」という現状なので、歩く速度や方向、臭いを嗅いではいけない、嗅いでOKなど、すべての決定を飼い主さんができるようにトレーニングを始めました。

まずは、飼い主さんの左側（理想の位置）にもえが来るようにリードを短く持ち、腕は体につけるようにします。腕は前後左右に動かないように注意。歩く速度はゆっくりで、たまに止まってお尻を手で押して座らせます。このとき言葉での指示でなく手で押すのは、飼い主さんの「意思の強さ」を手からもえの体へ肉体的に伝えるためです。途中まで押して、その後は自分でお尻を下ろすのを待ちます。そのとき、飼い主さんには心でこうつぶやくようにしてもらいました。「どうすればいいんだっけ？」

最初、もえはやはり抵抗しました。この抵抗はもえの気持ちの表れで、反発でもあるので認めるわけにはいきません。「ゆっくり歩いて止まり、座らせる」という作業を繰り返しやってもらいました。しばらくすると、そばを黒いラブラドール・レトリーバーが通りかかりました。

「ガウッ！」。もえは、家で見る姿からは想像もつかないような激しい様子で、その犬に飛びかかりそうになったのです。その子は、大好きな『リョウ』くんという友達犬でした。少々暗くなり始めていたので、リョウくんだと認識するのが遅れたのでしょうか？　そのときの様子から、散歩中はもえがとても緊張している状態であることがわかりました。友達でさえも警戒してしまったようです。

「いつもあんな風になってしまうんです。前の犬はこんなことはなかったんですが……」と飼い主さん。以前は『マノア』というG・レトリーバーを飼っていたそうなのですが、もえと性格は正反対。マノアは、どんな犬とも仲良くできたそうですが、もえは、相性が合わない犬には吠えてしまうのです。

でも、もえはマノアとは違います。しかも保護された犬なので、過去の犬生に何があったのか正確にはわかりません。ほかの犬とトラブルを起こしてしまって、飼育を放棄された可能性もあります。もしかしたら、ほかの犬に噛まれた経験もあるのかも……。過去がわからないからこそ、私たちは〝今〟見られる行動から、過去に何があったのかを理解してやらなくてはならないのです。

私は、相性が合わない犬がいることは、それほど悪いこととは思っていません。それなら、ほかの犬と接することはさせないで、飼い主さんとふたりで楽しめばいいのでは？と思っていました。マノアとは違う付き合い方を楽しむのも一案だと考えたのですが、飼い主さんはやはりドッグランで友達犬と一緒に走ったり、ボール投げを楽しむことがあきらめられないよう。たまにトラブルになることもあるものの、ほかの犬たちの飼い主さんの理解もあり、もえにはちゃんと一緒にドッグランで楽しめる友達犬が数頭できました。

このように、前に飼っていた犬と比べてしまう飼い主さんはたくさんいます。前の子に問題行動があまりなかった場合には、今飼っている子の悪いところばかりが気になってしまうようです。

そうやってつい前の犬と今の犬を比べてしまう飼い主さんは、いっそとことん比べてみるのもいいかもしれません。両方の良いところも悪いところも、すべて比べてみるのです。

そうすればきっと、前の犬にはなかったような今の犬の良いところも、たくさん見つかるはずです。

ドッグランへ入るか入らないかは選択できるとしても、ふだんのお散歩でトラブルを起こすわけにはいきません。

もえのお散歩トレーニングですが、最初のステップとして、まずはもえが相手の姿を見つけたのを確認したら「もえ、ワンちゃんがいたね」などとやさしい声をかけた後、おやつで誘導し即Uターンで振り返ってすれ違うのを避けるというところから始めました。「もえ」という言葉に対する反応を良くするために、名前を呼んだらアイコンタクトを取る練習も強化してもらいました。

最初はなかなか前進しているように見えなかったのですが、4回目くらいのレッスンから、もえの歩き方が急速に良くなりました。飼い主さんもだいぶ落ち着けるようになってきたので、次のステップとして、もえがほかの犬の姿を見つけたのを確認したら、アイコンタクトを取っておやつを与えるようにしてもらいました。可能であれば、おやつでもえを引きつけながら十分な距離を取ってすれ違ってもらいます。最初、相手との距離は5～6mくらい必要かと思います。相手が興奮していたり、距離が取れないなど難しい場合には、Uターンしてもらいます。おやつはできるだけとっておきの、おいしいものを使います。

すれ違う練習を始めてから数週間経ったある日、通りの向こう側のスーパーの前にパピヨンがつながれていました。もえはそれを見ると、おやつをもらおうと思ったのでしょう、自ら飼い主さんの顔を見上げました。しかし、飼い主さんは一生懸命歩いていて気付きません。

私は、「今、もえが、通りの向こうにいるパピヨンを見てから飼い主さんの顔を見ましたよ！　もえ、わかってきています！」と伝えました。飼い主さんは、もえが吠えてしまうのではないかと、まだ緊張してしまっているようです。散歩レッスンのときは、周囲をよく見るように心がけること、もえよりも早くほかの犬を見つけて対処のスタンバイをすることをアドバイスしました。とにかくたくさん練習すれば、だんだん落ち着けるようになります。人も犬も。

その後しばらくしてから、飼い主さんのフェイスブックページで、こんな記事を見つけました！

「お散歩から帰ってきました。途中、もえの苦手なボーダー・コリーの子に遭遇。お互いの距離は約３ｍ。すぐさま、ボーダー・コリーはもえに向かって威嚇してきました。でももえさん、ぐっと我慢。「ママ、おやつ」って。えらかったよ！　ハナマルもえさんでした」

私もとてもうれしかったです。ボーダー・コリーの威嚇をやり過ごせたなんて……、もえ、すばらしいです！

その後のもえのレッスンは、かなりいい感じです。いつものドッグランにつながる道では、以前はドッグランに行かずにＵターンしようとすると座り込んでいましたが、今では飼い主さんの誘導するほうへちゃんとついてくるようになりました。ほかの犬を見つけたときも、自らおやつをねだったり、名前を呼ばれたらすぐに視線をほかの犬から飼い主さんへ移したりして、おやつをねだるようになったのです。

お散歩でほかの犬とすれ違う場合、（相性もありますが）今のところレッスンでは、相手が吠えかかってこなければ、もえは何事もなかったようにすれ違うことができるようになってきました。まだ油断はできませんが、飼い主さんももえも、お互い大らかな気持ちで、ゆったりした散歩ができるようになるまでアドバイスを続けていきます。できるだけもえの緊張を解きながら、飼い主さんも慌てず、落ち着いて対処できるようになるのが最終目標です。

人は犬と違って、ないものねだりをする動物です。「前の子と同じように」とか「ほかの子は仲良くできるのに」とか考えるのは、飼い主にとっても犬にとってもつらいことです。難しいことかもしれませんが、すべての命、犬たちがありのまま受け入れてもらえるよう祈るばかりです。

I love you, because you are you.

前の子 は…
こんなことなかったのに…
= おやつ
なんて思って
えっ!
見てますよ!
ママ!
ごめんね
大好きだよ. もえ♡
わかってきてますよ!
おやつ♡

モンダイ行動 part 4

“トイレ問題”を考える

飼い主さんからの相談で、
つねに上位にランクインするのがトイレのしつけ。
飼い主さんの誘導や接し方に、重要なポイントが隠されています。

トイレができたら、とっておきのおやつ!

『マリー』の場合
(トイ・プードル/♀/8カ月)

生後8カ月になるのにトイレをなかなか覚えず、ケージから出すとケージ内のトイレにはまったく戻らない、という相談を受けました。

こういうご相談はよくあるのですが、「トイレができるようになるかならないか」を決めるのは、犬の月齢が問題なのではありません。「飼い始めてから○カ月も経つのに、飼い主さんが教えられない」ということが問題なのです。

飼い主さんの自宅を訪ねてみると、マンションの床はすべてカーペットが敷かれてあるタイプでした。犬には、液体が染み込むところでおしっこをする習性があるので、カーペットで覆われた床は、『マリー』にとってすべてがトイレになってしまう可能性があります。

粗相《そそう》の場所ですが、飼い主さんは最初「特定の場所はなく、どこにでもする」ということとでした。でもよくよく聞いてみると、家族が集まるテーブル付近がいちばん多かったのです。これはじつは大事なポイントで、マリーはトイレを覚えられずにいるだけでなく、マーキングによってメッセージを送り始めていた、ということになります。そうなると、トイレの失敗に対する対処だけではなく、単純な排泄以外のマーキングへの対処もしなくてはなりません。

「トイレのしつけ」と「マーキング」では、直し方が多少異なるので、注意してください（詳しくは『犬のモンダイ行動の処方箋』P110～「マーキングは叱っても直らない」参照）。

マリーの飼い主さんご夫妻は、共働きでなかなかトイレのしつけができないとのことでした。しつけ教室に預けてしつけてもらうのはどうか、と相談を受けたのですが、私は「うまくいくかもしれないし、うまくいかないかもしれません」と答えるしかありませんでした。

私がトイレのレッスンのために伺ったお宅の愛犬で、「しつけ教室に預けたらとてもいい子になったけど、トイレだけは家でできない」というケースもありました。しつけ教室では完璧にできるのに、家ではダメだったのです。これは、子犬が「トイレができない」のではなく、「家でトイレをどうしたらいいのか学習できていない」ということ。

この件に関して、しつけ教室で犬の預かりトレーニングをしているドッグトレーナーの友人に話を聞いてみました。友人の教室では、トイレの問題で預かった場合、ケージから出して遊ばせているときにトレーナーがついて、排便やマーキングをしそうになるとすばやくトイレに誘導してほめる作業をするそうです。

これによって「トイレで排泄《はいせつ》するとほめてもらえる」という学習が進み、シート上での排泄が完璧にできるようになったら自宅に戻すそうですが、ただ戻すだけではなくその後のフォローが必要とのこと。つまり、家でのトイレトレーニングに関して、トレーナーが飼い主さんの自宅に伺って指導をするとのことでした。

友人のしつけ教室から自宅に戻った犬が、どのくらいの確率で家でもちゃんと決められた場所に排泄できるようになるかというのは、データを取っていないため正確にはわからないそう。犬によっては前述のケースのように、「家ではダメだった」という場合もあり得るということでした。

トイレを覚えさせるためには、とにかく成功させてほめる機会を作ることが大事です。ただ言葉でほめるだけでなく、大好きなおやつをあげたほうが学習効果が上がります。トイレを覚えるスピードは、排泄した回数のうちで何回ほめられたか、つまり「ほめた回数／排泄の回数」というパーセンテージで決まります。なので、できるだけほめてやれるような工夫が必要です。まず排泄しているかどうか見やすい環境を作ることと、排泄のタイミングを知ることが大切です。

私が初めて自分で犬を飼い始めたときに、ブリーダーさんから教わった方法は、「染み込まない素材の床（フローリングなど）一面にトイレシーツを敷き詰め、子犬が決まったところに排泄をするようになったら、その場所へ向けてだんだんシーツを狭めていく」というものでした。シーツの代わりに新聞紙でもOKで、子犬に解放するのは４畳半くらいのスペースがちょうどいいようです。

最初は、シーツの上でできたらほめておや

つを与えます。床全面にシーツが敷かれていますから、必ず成功します。そのうちひんぱんに排泄を行う場所が決まってくるので、そこへ向かって徐々にシーツのスペースを狭めていきます。最終的に1枚のシーツになるまで狭めたら、あとは飼い主さんの都合のいいところ（トイレを置きたい場所）まで、シーツを1日数cmくらいずつ移動させるのです。

友人の愛犬（M・シュナウザー／3歳）は、今までできていたトイレが病気のせいでできなくなってしまいました。しかし初心に戻って、この方法で8畳の部屋一面にシートを敷いてやったら、1カ月ほどで1枚のシーツの上でできるようになったそうです。

子犬を暇にしてしまうとシーツで遊び始めますので、暇にさせないよう気を付けなければなりません。どうしても破いてしまう場合には、洗って繰り返し使える「破れないトイレシート」を使うのもひとつの手です。

さて『マリー』のケースですが、お宅の床がすべてカーペット素材だったので、マリーが遊ぶスペースはキッチンと決めました。キッチンの床は、クッションフロアで防水加工がされています。これならシーツが染み込む素材であることを意識させやすいですし、掃除も簡単。飼い主さんがマリーを見ていられないときはケージに入れて、遊ぶときはキッチンのスペースに出して遊びます。シートの上でトイレできたら、とっておきのおやつを与えることにしてもらいました。ダイニングテーブルのそばは、粗相されやすいエリアなので、しばらくはダイニングルームには入れません。

この方法で学習を始めたところ、賢いマリーは1カ月とかからないうちにトイレを覚え、リビングで遊んでいても、ふと思いついたようにキッチンに走って行き、排泄をして

モンダイ行動 part 4

うれしそうに戻って来るそうです。うれしそうなのはもちろん、その様子を見て理解した飼い主さんが、キッチンのトイレを確認しておやつをくれるからです。おやつが大好きなマリーにとっては、「ダイニングテーブルの周りで排泄をしておやつがもらえない」なんて、〝ありえないこと！〟になったようです。

トイレのしつけ法

『エリオス』の場合
（ミニチュア・シュナウザー／♂／当時4カ月）

全盲の『エリオス』の里親になったとき、見えないことによって私から伝えにくいことがたくさんあるので、いろいろな生活のルールを教えていくのは時間がかかるだろうと思っていました（経緯についてはP87〜参照）。しかしエリオスは、手元に来てくれた日から今日まで、そんなこちらの不安を吹き飛ばし、さらにさまざまな感動を私に与え続けてくれています。

子犬を迎えたときに、飼い主さんがまず悩み、頭を抱えることになることが多いのがトイレのしつけです。ケージの中でさえできなかったり、ケージの中では上手にできてもケージの外に出すとできない、といったケースはかなり多いです。

エリオスのトイレトレーニングですが、ほかの子犬に教えたのと同じ方法で、まずクレートをトイレから1ｍほど離れたところに置きました。ほかの犬は寝室で私と一緒に寝ているのですが、そこからトイレまでは距離があります。エリオスのクレートだけリビングルームのワークデスクのそばに置き、そこで寝てもらうことになりました。初日だし寂しがって夜鳴きをするかも、という心配も杞《き》憂《ゆう》に終わり、クレートの中で糞尿にまみれることもなく、無事さわやかな朝を迎えることができました。

糞尿にまみれることがないということは、クレート内で排泄しないわけではありません。クレート内には大きめのマットを入れてあったので、もしおしっこで濡れたとしてもそこを避けて寝ていたり、うんちをしたらマットに包んで端に追いやったりしていたということです。わが家では、犬たちが排泄したときに体が濡れたり汚れたりしにくいよう、クレート内にスチール製のすのこを入れています。

新潟県中越地震の際に、避難所でクレートに入れられっぱなしになった犬たちの多くが、膀胱炎《ぼうこう》を患ったという話を聞きました。もともと外飼いの犬たちが多く、クレート内では排泄したくなかったために我慢しすぎてしまったようです。

わが家の犬たちは、子犬のころからクレートで過ごすことも多く、夜寝るときは扉を閉められます。子犬のころはおしっこを長時間我慢することができないので、中で漏らすこともありますが、それを叱ることはしません。この経験が、ある程度我慢したとしても、辛くなったらクレートの中で排泄することへの抵抗を少なくしているのかもしれません。

成犬たちは7〜8時間くらいの通常の外出では排泄していませんが、それよりも長い時間、留守番でクレートに入っていなければならないようなときはクレートの中で排泄していることがあります。片付ける手間はかかりますが、飼い主としてはぎりぎりまで我慢されるより、そのほうが安心です。

トイレトレーニングは、とにかく成功させておやつを与えることが肝心だと思います。早く覚えさせたい場合には、犬がとても喜ぶようなとっておきのおやつを使うとよいでしょう。トイレのタイミングは、寝起き、食後、運動後などが多いので、できるだけ注意して見ておいて、成功したらほめておやつを与えるようにしてください（P26「トイレを教える」参照）。どの学習でもそうですが、ほめられる回数が多いほど早く進むものです。


私は日中仕事のために出かけることが多いので、エリオスのトイレトレーニングにおいては、朝いちばんの排泄が、確実かつ非常に大事な学習のチャンスでした。

初日の朝、私が起きる気配を感じたのかエリオスも起きたようでした。私はパジャマのまま、何よりも先にまずエリオスをクレートから出して、トイレスペースに連れて行きます。中で排泄させてしまって、学習のチャンスを逃したくなかったからです。わが家の犬用トイレは、ペットシーツを敷いた床の三方を囲ったスペース。エリオスは目が見えないため、ハウスから出たらすぐに鼻先におやつを近づけ、それを追わせるようにしてトイレのスペースに誘導します。シートの上に乗ったら、出られないようにもう1枚のワイヤーパネルで閉じました。

先輩犬たちのおしっこの臭いがついていることもあり、エリオスが膀胱にたまったおしっこを出してくれるのにそれほど時間はかかりませんでした。排泄が終わったら、「おりこう〜」などと高めのトーンでよくほめて、できるだけ早くおやつを口の中に入れてやります。

食事を与えた後は、うんちのタイミングが

来やすいので、今度はそこを見計らいます。同じようにトイレに誘導し、排便したらよくほめておやつを口に入れてやります。その後は仕事へ出てしまうことが多いので、朝の排便は、私がエリオスにトイレを教える大事なチャンスということになります。

次の朝も同じように誘導し、成功させてよくほめ、できるだけ早くチーズなどの〝ちょっといいもの〟を口の中に入れてやりました。その次の日も同じようにして、4日目の朝を迎えました。

クレートの扉を開けると、エリオス自らトイレへ行こうとする様子が見られたので、「シーシー」と声だけかけて見守っていると、何と自分でトイレに入り、おしっこをしてくれたのです。トイレトレーニングを開始してから4日目で、学習が始まりました。

もちろん、4日目からずっと成功するわけではなく、たまに失敗しては、また上手にできたりといった一進一退を繰り返し、だんだん確実にできるようになっていきました。

かなり高い確率でトイレに行けるようになったころ、寒くなってきたこともあって、エリオスのクレートを寝室へ移しました。トイレまでの距離は今までの3倍ですが、数回おやつでトイレへ誘導してやると、それからは自分で行けるようになりました。

そしてエリオスと付き合い始めてから5カ月ほど経ったある日（エリオス生後9カ月）、知人宅へ連れて行くことになりました。さすがに心配だったのでマナーベルトを着けて、まず最初に、そこの家の犬用トイレへ誘導して排泄を促しました。するとマナーベルトを着けたままでしたが、ほかの犬の臭いに刺激されたからか、割と素直におしっこをしてくれたので、よくほめておやつを与えました。

その後、エリオスが部屋の中をうろうろするたびにそっと見守っていましたが、今度は自らトイレに入っておしっこをしてくれたのです。このときもよくほめておやつを与え、すぐにベルトを取り換えてやりました。

それから1カ月後、今度は実家へ連れて行きました。初めて行く場所なので一応マナーベルトを持って行きましたが、自分の実家ですし、犬も飼っているので、最初は着けずにトイレに誘導してみました。すると実家の犬の臭いがついていることもあり、すぐにおしっこをしてくれたのです。ほめておやつを与えると、それからはちゃんと自分でトイレに行ってしてくれました。愛犬を信じることができなかった飼い主が持って行ったマナーベルトは、使われずに持ち帰られることとなったのです（笑）。

「愛犬がトイレをなかなか覚えてくれない」と悩む飼い主さんは多いです。しかしそれは、本当に「犬がなかなか覚えない」のでしょうか？「飼い主がうまく教えられない」場合がほとんどではないでしょうか。

うまく教えられないのには、「飼い主さんが排泄のタイミングを見ていられない」、「ほめるタイミングが悪い・遅い」、「おやつを与えるのが遅い」、「おやつの魅力が低い」などの原因が考えられると思います。仕事をしているから日中は見ていられない、というのは飼い主さん側の都合であり、それでトイレを覚えない犬のせいにすべきではありません。

朝の1回だけでもいいから、上手に誘導してうまくほめてあげられたら、エリオスのように目が見えなくても4日で覚えてくれることがあるほどです。

ご自分のトイレの教え方が、愛犬にとってわかりやすいのかどうか、ぜひ見直してみてください。

おいしい匂い♡
WC
・・・・
おりこう～♪
うまい♡

column

なでると犬は必ず喜ぶ？

「あなたが愛犬をなでているとき、愛犬も喜んでいる」。本当に自信を持ってそう言えますか？

問題行動の改善で飼い主さんのお宅へ伺ったときに、私は、犬が自分から近づいてきてくれるまでは、こちらから近寄ったり、手を伸ばしてなでることはしません。彼らは私を怖がっているかもしれないし、怖がっていなくても「さわってもらいたい」と思うほど信頼していないかもしれないし、最初は十分私を観察したいかもしれないからです。それは、犬に対するリスペクトを表現する私なりの手段だと思っています。

玄関に入ったときにうれしそうな表情で飛びついてきて（それが良いことか悪いことかは、ここではふれないでおきます）、手にじゃれついたり、顔をなめてくれたり、熱烈な歓迎を受けた場合には、私も喜んでお受けします（笑）。

ただし、〝うれション〟と呼ばれるようなおしっこを漏らしてしまう犬の場合には、興奮させないようにすることが大事。本当はさわりたいのですが、心を鬼にして控えることもあります。そういうときは、できるだけ落ち着いたトーンで声をかけてやるだけにしています。それでも漏らしていまう犬もいるので、要注意ですが（笑）。

少しでも警戒するそぶりが見られる場合には、犬と目を合わせたり、声をかけたりするのはできるだけ控えるようにしています。部屋に入っ

さわられるのを嫌がるところでも、さわり方によっては喜ぶことも。“愛犬が喜ぶさわり方”を知っておくのも、仲良くなるための秘けつです。

ていくときも、犬の警戒心を刺激しないように、手足の動きをできるだけ最小限にとどめ、ゆっくり動くようにしています。

　怖がりな犬だと、私の周りをうろうろしながら吠えてくる場合もあります。私が少しでも彼らに近づこうと動くと、慌てて逃げることがほとんど。それでも気になるのか、私のそばに来るのですが、そんなときは彼らと目を合わさず声もかけず、絶対にこちらから手を出さずに無視するようにしています。すると、後ろ足が引けながらも、テーブルなどの下からそっと私の膝あたりを嗅いで、私の存在を確認しようとすることが多いです。

　このとき、近づいてきてくれたからといって手を出すと、一気に信用を失いますので、さわるタイミングはじつに難しいです。その日はさわらないほうが、次回仲良くなれるのが早かったりもします。

　怖がりがひどい場合には、最初のレッスンでまったくふれ合えない犬もいますが、ひとしきり臭いを嗅いで、私がさわってこないことを理解すると、後ろ足は引けながらも、私の膝に前足をかけられる子もいます。

　そんな姿を見て「本当は仲良くなりたいんだな」と思うと、とても愛おしくなります。その様子を見ると、大体の飼い主さんは驚きます。「こんなに早く人になつくのは初めてです！」と。なついていると言えるほどではありませんが、心を開きつつあることは確かですね。

〝さわらないこと〟で伝えられる、犬との会話もあるのです。

そう思って世の中の〝人と犬事情〟を見直してみると、自称「犬好き」と言っている人ほど、犬の気持ちを無視して、嫌がる犬を強引に抱いたり、上から覆いかぶさって自分勝手な強さでワシャワシャとなでたりする人が多いように感じています。そんなときの犬を見ると、明らかに嫌がっていますし、カーミングシグナル（P132参照）もたくさん出していることが多いのです。よほど嫌だと、うなったり威嚇噛みしてくる犬もいます。もちろん、そんなそぶりを見せると、飼い主に厳しく叱られてしまうのですが、犬の立場から考えたら何と理不尽なことでしょうか……。

犬たちは、私たちが思っているほど「なでられたい」とは思っていません。飼い主さんにすら、「今はなでないで、もうこれ以上はやめて、そんなに気持ち良くないよ！」というボディランゲージを出している犬はたくさん見受けられます。飼い主さんがそうなのですから、まして他人からなでられてうれしい犬なんて、どれくらいいるのでしょうか？

問題行動のお悩み解決のための出張トレーニングでは、他人からなでられるのが好きではない犬が多いのは仕方ないと思います。しかし、グループレッスンで出会う犬たちだって、「他人が嫌いなわけではないけれど、とくになでられたくはない」、「できればなでないでほしい」と思っている犬は、かなり多いと感じています。

人間と違って言葉をコミュニケーションの手段として使わない犬たちともっと仲良くなるためには、こちらの気持ちを押しつけてはいけません。もっともっと愛犬の様子や動きなど繊細に観察して、できるだけ理解して、こちらからも彼らをボディーランゲージで上手に伝えてやれるよう努力してみたら、今よりもっともっと仲良くなれるかもしれません。

やさしくさわってやることで、愛犬の緊張を解いてやったり、興奮を落ち着かせることもできます。

モンダイ行動 part 5

飼い主をバカにしている!?

犬がまるで飼い主さんをバカにしているような行動を取るときは、
飼い主さん自身の接し方に問題があることも。
いつもの対応を見直してみませんか?

「デキる飼い主!」と思わせる

『ポンテ』の場合
(イタリアン・グレーハウンド/♂/4カ月)

今までに1600組以上の飼い主さん&愛犬に出会ってきましたが、なかにはたまに(割と?)「なぜこの飼い主さんにこの犬種なのかな……」と思う組み合わせがあります(笑)。『ポンテ』は、とにかく明るくて元気な子犬でした。会いに行くととても喜んでくれて、興奮して部屋を走り回っていました。イタグレ、本当にすばやいです! お顔なんて、ゆっくり見ることができません。飼い主さんは一生懸命捕まえようとしてくれましたが、捕まらないと思います(苦笑)。

ポンテのほうはと言うと、たまにわざと飼い主さんにアタックして〝ちょい噛み〟しているようで、そのたびに飼い主さんは「痛いっ」と言っています。「待ちなさい!」と叫んではみるものの、伝わっているはずもなく……。だったら言わないほうがいいのになあ、などと思いながら観察していましたが、この様子では埒《らち》があかなそうだったので、私が捕まえることにしました。

　走り回る犬を捕まえるときは、自分はまずできるだけ動かないで、相手（犬）の動きのパターンを読むことが大切です。じっと立って目で追っていると、次にどこに行こうとしているのかが見えてきます。動きが見えたときに、相手の行く手を数回ふさぐことができれば、観念する場合もあります。つまり、逃げずに〝自ら止まって捕まってくれる〟のです。

　と、簡単に書きましたが、これには少々熟練の技が必要かと思います。後は、その人の資質でしょうか。私は、学生のころに卓球をやっていたのですが、それで培《つちか》われた小さな玉の動きを見る力と、すばやく瞬間的に動く力が役に立っているのかもしれません（って、すごーく昔のことですが……）。

　そんなこんなで、ポンテは無事に私の腕の中に収まりました。キョトンとした様子で、「何で捕まっちゃったのかな？」と思っているようにも見えました。そして、飼い主さんもキョトン。「あんなに速いの、どうして捕まえられるんですか〜？」と不思議がります。「イタグレは速いって、知りませんでしたか？」と、不思議なのは私のほうです……（笑）。飼い主さんは、ちょっとぽっちゃりめで落ち着いた感じの、穏やかな笑顔がすてきな飼い主さんでした。

　抱きかかえたポンテを飼い主さんにお渡ししようとすると、私の腕の中で暴れ始めました。ここで少々教育的指導。私は、腕に適度な力を入れ、ポンテに自分の力強さが伝わるようにして顔をポンテの顔に近づけ、低い声でひと言「ヴ〜」となりました。このときの力は、強すぎると子犬を怖がらせてしまい、弱すぎると子犬が自由にできると思って余計に暴れるので注意が必要です。

　ポンテはブリーダーさんのところから来た

ので、ちゃんと親犬やきょうだい犬たちと過ごした経験があると見られ、このうなり声にはよく反応して私のほうを見上げたので、まさに「ハッ」として私の少し高めの声で「おりこうさん～」とほめてやりました。このときになでてほめる人がいますが、なでられるのが嫌いな場合には罰になってしまうので、注意してください。とくに初対面の場合には、やさしい声をかけつつ、2～3回そっとなでるくらいがちょうどいいかと思います。

まずはお話を詳しく伺うために、飼い主さんも私もソファに座って話し始めました。最初ポンテはおもちゃを持って来たり、ちょっかいを出したりしていましたが、こちらが完全に無視して応じないでいると、あきらめたのか、私の足にちょこんとお尻を付けて寝始めました。飼い主さんではなく、私にくっついたのです。

飼い主さんには少々ショックかもしれません。おそらくポンテは、捕まえられた、その後に暴れたら「うなる」という犬語で叱られた、暴れるのをやめたらすぐにほめられたなど、私からのメッセージがわかりやすかったので、気に入ってくれたのでしょう。

幼い犬は、安心させてくれる、すぐれた（堂々とした）存在を求めています。今回のレッスンで、ポンテはそれを私に見いだしたようです。名前を付けるとすれば「頼れる親分」でしょうか。

ポンテの飼い主さんにも、そのような存在になってぜひ良い関係を築いてもらいたいと思いますので、子犬のためのベースプログラム（『犬のモンダイ行動の処方箋』P22～参照）を実施してもらうことにしました。

さらに「飼い主さんはポンテの動きをコントロールできる」という学習をポンテにさせ

たいのですが、飼い主さんにすばやい動作を期待するのは難しいような気がしたので、ケージから出すときはリードを着けてもらうことに。ポンテの動きをそれでコントロールするようにお願いしました（※）。部屋を走り回ることは、悪いことではないので叱る必要はまったくありませんが、コントロールできなければ危ないですし、コントロールされることによって飼い主に一目置いてもらうことも大切です。

リードを着けて、100％ではないにせよ飼い主さんが捕まえられるようになったことで、ポンテに変化が見えてきました。「リードが着いていると捕まるものだ」と学習して、着いているときにはあまり逃げ回らなくなったのです。犬って、本当に賢いです。

すぐに捕まえられることで、飼い主さんも自信が持てるようになり、ポンテに指示を出す声のトーンも変わってきました。犬は敏感なので、そんな飼い主さんの変化を感じ取り、「オイデ」、「オスワリ」、「マテ」などのトレーニングもやりやすくなりました。

ポンテが走り回りそうになったり、走り回ったりしてしまったときには、慌てず大きな声を出さず、決して追いかけず（追いつけるわけがありません！）、おやつも上手に使って「オイデ」で呼び戻します。そして「オスワリ」でお尻を地面に着けさせ、「マテ」でじっとさせるよう、トレーニングをお願いしました。

ポンテは、この飼い主さんとのゲームのほうが気に入ったようで、走り回ろうとするものの、飼い主さんの顔を見て「早くオスワリと言って！」と待っているようになったそうです。そんな様子を見た飼い主さん、「ますます愛おしく感じられるようになりました」と言ってくれました。

※リードを着けて部屋に放すときは、リードがどこかに引っかかると非常に危険です。必ず目を離さないようにしましょう。

飼い主をバカにしている!?

モンダイ行動 part 5

ポンテはまだ4カ月齢。あと2カ月もすると自己主張が強くなってきて、素直に「オイデ」、「オスワリ」、「マテ」に従わなくなることもあるかもしれません。もしそうなっても、トレーニングを忘れてしまったわけではありません。相手のペースに乗せられることなく落ち着いて、おやつを変えるなどの工夫をしてみてください。犬は、臭いの刺激に敏感ですので、いつものおやつの臭いに飽きたときに新しいものに変えてやると、がぜんやる気が出る場合があります。犬に負けずに知恵を絞って、しっかりと決定権を維持できるよう心がけていただきたいと思います。

愛犬が〝安心できる飼い主さん〟に

『ポポ』の場合
（ワイアー・フォックス・テリア／♀／4カ月）

ペットショップの店員さんに「お子さんのいいお友達になりますよ！」と言われ、そのフワフワしたぬいぐるみのような容姿に惹かれて飼い始めてみたところ……。日に日に行動が激しくなり、私に相談を持ちかけてくれたころには、小学校低学年の息子さんと遊びたくて追いかけ回し、甘噛みの抑制ができていないので、息子さんの膝小僧は血だらけになっているとか。飼い主さんは、そんな犬を飼ってしまった自分を責めて、息子さんに謝り、もともと犬嫌いだったのに飼うことを了解してくれたご主人にも謝るばかりの日々。大げさではなく、毎晩泣きながら、犬を飼っているいとこに相談を持ちかけていたそうです。

さっそくご自宅に伺ってみると、飼い主さんは、物腰柔らかくやさしそうな女性でした。線が細いと言うのでしょうか、「君は僕がいなくてもひとりで生きていける人だから」なんて決して言われないタイプの方でした。

当の『ポポ』はと言えば、ケージから出したとたんに、私に向かってうれしそうに走ってきて、そのままジャンプして手に甘噛み攻撃です。抑制もあまりできていないので、なかなか痛かったです。でも、まだ会ったばかりなので決して叱らず、機械的にそのまま捕まえてケージに逆戻りしてもらいました。

以前友人が飼っていたワイアー・フォックス・テリアの『ディディエ』は、私の〝親友犬〟でした。私は、友人が「フォックス・テリアが欲しい」と言い出したときには反対しました。初めて犬を飼う友人には、決して飼いやすい犬ではないと思ったからです。周りからも「フォックス・テリアは大変よ！」と言われたようですがどうしてもあきらめきれず、私がブリーダーさん宅に同行した上で、「手元に来たら私が勤務していた訓練所に入れる」という約束で飼うことになったのです。

そんなことがあっただけに、ペットショップの店員さんの「いいお友達になりますよ」という発言は、ちょっと（と言うかかなり）説明が足りないように思います。もちろん、ディディエはとてもいい子になりましたし、飼い主のボーイフレンドよりも私に会ったときのほうが喜んでくれる（笑）という本当にかわいい子でした。でもそれは、私も一生懸命しつけの手伝いをしましたし、友人もがんばってくれた結果によるところが大きいのです。

甘噛みが激しくて流血するため、息子さんはポポがケージから出てくるとソファに逃げるようにしていたそうなのです。ところが最近では、ポポは鮮やかなジャンプでソファに上がれるようになり、降ろそうとするとうなって威嚇《いかく》するようになったとのことでした。私はフォックス・テリアの気質を知っているので不思議はありませんでしたが、小さいお子さんがいるならとても心配です。小学生の子どもの顔の位置あたりなら、助走なしで余裕でジャンプできる身体能力を持っているのがフォックス・テリア。何かのはずみで顔を噛まれたりしたら、大変なことです！

そこで、まずは息子さんの緊急避難場所を作るために、ソファに上らないトレーニングを始めることにしました。ポポをケージから出してもらうと、すかさずソファに乗ったので、「ポポがソファに乗ったらすぐに首輪をつかみ、『ダメ』など短い言葉でひと言叱って降ろしてください」と見本を見せたのですが、飼い主さんの様子がヘンです。怖いのかな?と思って聞いてみると「何か、かわいそうで……」とのこと。

息子さんが血だらけになっているというのに、ポポがかわいそう!? それがいけないのです！ それでは、こちらのメッセージが正しく伝わりません。今伝えなくてはならないのは、「ソファに乗ったら嫌なことが起きるよ」、「乗らなければ嫌なことは起きないし、ほめてもらえるよ」ということなのです。それができなければ、息子さんが遊んでいるときは絶対にポポをケージから出せないか、出しているときの息子さんの避難場所を作ることはあきらめなくてはなりません。でも飼い主さんの希望は、「できればポポには息子と仲良くしてほしい」ということでした。だからこそがんばってもらうことにしたのですが、いまひとつ動きにキレがなく、どうも飼い主さんの迫力が足りません。中途半端な飼い主さんのメッセージはポポにとって遊びとなり、トレーニングは「ソファ乗り降りごっこ」になってしまいました。

私が「もう少し毅然とした態度で降ろしてください」とお願いすると、「無理に降ろして、嫌われませんか?」。なるほど、そんな心配があったんですね。ある意味、嫌われることをしないと「上ってはいけない」という学習をさせることができないので、理屈は合っています。しかし相手はフォックス・テリアです。もう少し姐御《あねご》風でなければいけない、ということで、再度私が手本をお見せすることにしました。

ポポが得意げにソファに乗ったので、低い声で「ダメ!」と言い、首輪をつかんで降りるよう促します。ここで、単に降ろしてしまうのではなく、「降りるしかないように首輪を押さえる感じにする」のがポイントです。降りる、という選択をするのはあくまで犬自身でなくてはなりません。

首を押さえられたポポは、少し抵抗して暴れましたが、私の力の強さを感じると、すんなり降りました。そして降りた途端にブルブルと体を震わせました。これはカーミングシグナル(※)と思われ、私がポポを降ろす際に多少のストレスがかかったと見られます。つまり「ソファに乗ったら嫌なことが起きるよ」というメッセージは伝わったのです。降りたらすぐにほめてやると、とてもうれしそうに私に飛びつき、口元をなめてくれました。続けて「オスワリ」と指示をすると、素直にうれしそうに座ったので、おやつを与えました。

その後、ポポは私の足にちょこんと背中をくっつけて寝始めました。私からのメッセージは、しっかりとポポに伝わったと実感しました。ポポは、安心して眠れる相手に私を選んだのです。

それを見た飼い主さんは、「私ではなく、先生のそばがいいのね。でも、わかる気がします」と言いました。そして「私も、先生といると安心できます。だから私も、ポポにとって先生のような存在になれるよう、息子の

※犬にストレスがかかったときに自分を落ちつかせる動作と言われています。

ためにもがんばります！」。そう言ってくれました。

ポポの飼い主さんには、犬と正しい関係を築いてもらうため、子犬のためのベースプログラム（『犬のモンダイ行動の処方箋』P22〜参照）をしっかりと実施してもらいました。

元気なポポの動きをコントロールするために、「オイデ」、「オスワリ」、「マテ」のトレーニングも、大好きなおやつを使って徹底的に行ってもらいました。とくに、いろいろな刺激があっても待てるようなトレーニングをお願いしました。その後しばらくして、飼い主さんからいただいたメールにはこうありました。

「ご指導いただいたおかげで、私も強くなれました。不思議なことに、私と息子の関係も良くなったんです。今ではポポがうなっても、『ウーッじゃないでしょっ！』って叱れる自分がいます。毎晩泣きながらいとこに相談したり、先生にメールしていたことが嘘のようです」

その後反抗期に入ったポポは、それなりに言うことを聞かなくなったりもしたそうですが、飼い主さんは強い心を持ち続けてがんばってくれました。

それからさらに約半年後、「ポポが病に冒されていることがわかった」とのメールがありました。飼い主さんは、ポポには自分しかいない、ポポを守るために自分がもっと強くならなければならないと実感したそうです。そしてメールは、こう締めくくられていました。「もう私はポポには負けません。そして、ポポの病にも絶対に負けません」

ママ〜!!
ソファに上らせないようにしましょう!
はい…
ダメ…よ…
あっ…
毅然とした態度で!
も一1回♡
…でも
嫌われませんか?
かわいそうだし…
へっ?
お子さんがポポを嫌いになっちゃいますよ!
そうですよね…
がんばります!

column

犬種について

飼い主さんから「どんな犬種が飼いやすいですか」と聞かれることがよくあります。個体差もあるので、なかなか一概には答えられない質問です。

強いて言えば、飼いやすい犬種としてはシー・ズーやキャバリア・キング・チャールズ・スパニエルなどを挙げることが多いと思います。実際に飼っている人からすれば「いや、そんなことないよ」というご意見もあるかと思いますが、もし同じお悩みの行動（吠える、噛むなど）がほかの犬種、たとえば柴犬やウェルシュ・コーギー、テリア種にあった場合、行動を改善する作業は何倍も大変になると感じています。これは、私がこの12年間、問題行動で飼い主さんが困っている1600頭以上の犬たち（一部は問題行動がまだ出ていない子犬もいますが）と向き合ってきて、感じることです。

また、飼い主さんの性格やライフスタイル、環境、思い描く理想の付き合い方と、選んだ犬種の特性が合わない場合もあります。

実際に私が扱ったなかで思い出すのは、『ジョン』（ボーダー・コリー／♂／4カ月）のケース。

ジョンの飼い主さんは看護師さんで、仕事柄、夜勤で帰れない夜もありました。お住まいはあまり広くなく、そこに寝たきりのおばあさんと、犬が怖くてさわることができない独身の弟さんが同居していました。ジョンのハウスは、やっと体が収まるくらいの狭いケージの中でした……。

ボーダー・コリーは、もともと家畜を追うための作業犬で、広いスペースを走り回るのが大好き。そしてそれだけの豊富な運動量を必要とする犬種です。ということは、散歩をたくさんして、運動エネルギーを消費してやる必要があります。

しかし忙しい看護師さんには、散歩のために十分な時間がなかなか取れません。家では寝たきりのおばあさんの介護もしなければなりません。弟さんに散歩を頼もうとしても、怖くてさわれないので無理とのことでした。

そんなジョンは、ある日、ハウスに入れようとした飼い主さんの手を噛んでしまいました。ハウスは育ち盛りのジョンには小さすぎるサイズだったので、それなりの抵抗をしたのだと思います。明らかな運動不足も、攻撃的な行動の原因になっていたと思われます。

実際にジョンに会ってみると、ごくごくふつうの子犬でした。まだ4カ月齢なので動きもまだ子犬っぽく、エネルギーがあってとても元気。人なつこく、私がプロレス遊びに誘ってやると、上手に加減した甘噛みをすることもできました。とても飼い主を血だらけにする犬には思えません。

しかし飼い主さんは、そんなジョンに対して、「絶対に人に噛みついてはいけない」「自動車に飛びついてはいけない」などのしつけをするため、飼い主さん仲間からのアドバイスに従って体罰を使ってしまいました。体罰が全面的にダメだと言うつもりはありませんが、慎重に使わないと、かえって犬の攻撃性を引き出すことになります。結果、飼い主さんと犬との信頼関係は壊れ、犬は自分の身を守るために、飼い主を攻撃することを覚えてしまいます。ジョンも例に漏れず、体罰で叱られたその夜に飼い主さんを再び血だらけにしてしまいました。

　この場合、飼い主さんの住環境や家族構成、ライフスタイルは、決してボーダー・コリーの飼育に適しているとは言えませんでした。苦渋の選択ではありましたが、私は新しい飼い主さんを見つけてはどうかという提案をせざるを得ませんでした。飼い主さんはとても悲しみましたが、最終的には納得してくださり、ジョンの里親を探すことになりました。と言っても、噛んだことがある犬の里親捜しは、保護団体によっては断られることもあります。結局ジョンは、保護団体の世話にはなれず、知り合いのつてを頼って九州の牧場で面倒を見てもらうことになりました。

　忙しいからこそ「犬を飼って癒やされたい」と思う人も多いと思います。お年寄りのQOL（クオリティ・オブ・ライフ／生活の質）向上のために、「犬を飼うのがおすすめ」という考え方もあるようですが、現実的に見て果たしてそれは正しいのでしょうか。

　犬と付き合うには、犬のためにそれなりに時間を使う必要があります。とくに子犬から飼い始める場合には、世話やしつけが飼い主さんの生活に負担になり、育犬ノイローゼのような状態になってしつけ相談を申し込まれる方も多いのです。

お年寄りではこんなケースもありました。飼い主さんは70歳にしてまだまだ現役、専門学校でお花を教えているという元気なご婦人。その息子さんから、出張トレーニングの依頼がありました。犬種はレークランド・テリアで、生後5カ月のオスでした。父親が亡くなり、ひとりになってしまった母親を気遣い、息子さんがプレゼントしたのだそうです。

しかしある日、いつものようにおもちゃで遊んでいて、もう終わりにして犬をハウスに入れようとおもちゃを取り上げようとすると、ものすごい形相でうなったのです。それを目撃した息子さんが、慌ててレッスンを申し込んできた、という経緯でした。

テリア種は、興奮のスイッチが入ると行動がかなり激しくなることがよくあります。フィールドでは優秀なハンターなので不思議なことではありませんが、お年を召した方と生活する上では、不必要な行動が出やすいことも事実だと思います。

飼い主さんの理想と現実が合わなかったことと言えば、柴犬の女の子『はな』（3カ月齢）を思い出します。飼い主さんは、なでようとすると嫌がって逃げるはなを見て、「犬なのにおかしいな」と感じていたそうです。みなさんはどう思いますか?

　頭をなでられる、あるいは体にさわられるのがあまり好きでない犬は少なくないと、私は感じています。

飼い主はうれしくても、知らない人は嫌、というパターンもあります。通常のレッスンやK9ゲームのチームでたくさんの犬たちと出会ってきていますが、誰にでもなでられるのが好きで好きで、という犬を思い出すほうが難しいです。その数は、圧倒的に少ないと思います。
　とくに柴犬は、それなりの数を扱ったことがありますが、仲良しになれたとしても、なでられることを喜んでくれる犬はあまりいません。この件に関して、トレーナー仲間数人に聞いても同じ意見が返ってきました。柴犬を始めとした日本犬は、気安くなでられることを喜ばないことが多いようです。
　私は飼い主さんに、自分の経験をもとに「柴犬はなでられること、とくに頭をなでられることを好む犬は少なく、どちらかというと適切な距離感をもって接するのが仲良くなれるコツだと思っている」と伝えました。それを聞いて、飼い主さんはとてもがっかりしていました。飼い主さんとしては、いつもなでなでしてラブラブして抱っこできる、そんな犬との関係を望んでいたそうなのです。残念ながら……選ぶ犬種が違っていたかと思われます。

どの犬種だって飼えないものはないと思いますが、飼い主さんの望んだライフスタイルに合わせやすい、合わせにくいはあると思います。これから犬を飼う方は、まず犬種の特性をよく知った上で迎えてほしいと思います。ペットショップの店員さんは、それこそ良いことしか言わない人も多いようなので、気を付けてください。いちばんおすすめなのは、実際に飼っている人を複数見つけて、その犬種について聞くことです。オフ会などに参加させてもらって、話を聞いたり、実態を観察するのもとても良いことでしょう。

実際、欲しくて欲しくて夢にまで見たという、○○テリアのオフ会を見学に行った人が、実際の様子を見て飼うのを再検討することにしたということもありました。「○○」については、今ここでは伏せておきます（苦笑）。

※記載した犬種について、すべての犬がそうだとは限りません。もちろん個体差や例外もあります。

モンダイ行動 part 6

言うことを聞かない

「犬が飼い主さんの言うことを聞かない」のは、おバカさんではありません。
その理由をしっかり見極めて、
飼い主さん自身の行動を変えていくことも重要なのです。

「呼んでも来ない」のは？

『フーラ』の場合
（ミニチュア・シュナウザー／♀／3カ月）

『フーラ』を3カ月齢でわが家に迎えたとき、犬好きな友人Mがよく遊びに来ていました。彼女のお気に入りは、当時わが家にいた『ロック』を始めとするM・シュナウザー軍団のなかでいちばん若く、紅一点ということもあってフーラだったようです。

ある日、Mが遊びに来て「フーラ、フーラ、おいで～」と猫なで声で呼びました。が、フーラは完全無視。

Mは「あれ～、まだ自分の名前を覚えてないのかな？ もしかして頭良くないのかも？」なんて失礼なことを言いながら、ひたすら呼び続けていました。あんまりうるさいので、「フーラ、おいで」と私が呼ぶと、すぐに飛んできました。Mはとても不機嫌そうでしたが（笑）、飼い主だからだ、とか何とかぶつぶつ文句をいいながら、かなり凹んでいました。

これは私が優秀なドッグトレーナーだから

です！と言いたいところですが、決してそういうわけでもありません。なぜこうなるのか説明します。

Mがフーラを呼んだ理由を聞いてみると、返ってきた答えは「さわりたいから！」。それだけ。Mはさわりたい。でももしかしたら、フーラはさわられたくないと思っているかもしれない。さわられたかったら率先して行くはずなので、来てくれないということは、おそらくさわられたくないのでしょう。さわり方が下手なのかもしれないし、そもそもMにはさわられたくないという可能性も。犬は、うれしいことが起きればその行動を繰り返しますし、うれしいことが起きない（あるいはうれしくないことが起きる）ようなら、その行動をしなくなります。

私が家で犬たちを呼ぶときは、必ず良いことが起きるようにしてやります。ふだんからむやみに呼ばないようにして、呼ぶときは必ず何かおやつを与えます。これはほんの少しでもOKです。つまり、「私が呼ぶときは必ず良いことが起きる！」と、犬たちは学習しているのです。

当時フーラはまだ3カ月齢。わが家に来て1週間経っていないのに、この人に呼ばれたら何が起きるのか（あるいは起きないのか）をちゃんと理解していたのです。「Mに呼ばれても、彼女がただされわりたいだけで、うれしいことは起こらない。今はさわられたくない」。フーラは、そんな風に思っていたのかもしれません。

3カ月齢というと、まだまだ赤ちゃんのように思えます。しかしその後、フーラが3歳になったときに子犬を産んで、その成長をずっと観察してみると、3カ月齢というのは我々が思うよりずっと大人なのだと感じるようになりました。

「愛犬が呼んでも来ない」と嘆いている飼い主さんは非常に多いものですが、それはふだんからやたらと呼びすぎていることが原因かもしれません。Mの場合もそれが大きな原因だったので、まずムダに呼ばせないようにしました。呼んで来てくれたら必ずおやつを与えるようにさせたら、フーラはすぐにMのもとへ飛んで来るようになりました。大喜びのMですが、おそらく彼女でなくても、すぐにこうなります（笑）。

むやみに呼ばないことも大事ですが、呼んでおいてうれしくないことをするのは、もってのほかです。たとえば、「ブラッシングするからおいで！」なんかは最悪ですね。耳掃除、歯みがき、爪切りなどは、ほとんどの犬が嫌いなこと。それらをするときに呼んでしまうと、その後なかなか来てくれなくなります。まして、片手に爪切りを持って呼んだりしたら、来るわけがありませんので注意しましょう。

「じゃあどうやってブラッシングをすればいいの？」との疑問もあるでしょう。そんなときは、何気なく近づきつつさりげなく捕まえて、まずは良いことをして（たとえばおやつを与えて）から、そのままブラッシングをするところまで連れて行けばいいのです。ソファに座って膝の上に乗せる、あるいはトリミング台の上に乗せるなど、犬が慣れている環境でブラッシングしてやりましょう。ブラシはあらかじめ用意しておき、すぐに作業に取りかかれるようにしておくのがおすすめです。しつけもケアも、愛犬より少し賢くなることが大切なのです。

・・・・
フーラ、
おいで～
フーラ
ねぇ～
フーラ
フーラ
・・・・
フーラ
おいで～
フーラ
フーラ
おバカさん？
フーラ
こらこら・・・
あ！
フーラ
おいで
なんでぇ～？？

お父さんがいないと……

『トム』
（ラブラドール・レトリーバー／♂／1歳）

「愛犬がお父さんの言うことしか聞かなくて困っている」との相談を受けました。ご自宅に伺ってチャイムを鳴らすと、家の奥で「ワワワワワン！」と吠える声が聞こえましたが、なかなか玄関のドアが開きません。まさかお留守じゃないだろうな〜と心配していると、小学校低学年の小さな女の子がドアを開けてくれました。

中に入ると、リビングの奥ではお母さんが必死で『トム』のリードをつかんでいました。トムは私を見つけ、飛びつきたくてしょうがないといった様子。攻撃的ではなさそうなのですが、ラブラドール独特の人なつこさを表現しながら、笑顔（？）でこちらを見て吠えています。

部屋の中を見渡すと、あるべきはずの家具などがありません。もちろん床には何も置かれておらず、さらにはカーテンもないので家の中はお隣さんから丸見え状態。テーブルはキャンプで使うようなアルミ製のもので、それにパイプイスが2脚……。テレビとオーディオセットは網状のパネルで覆われていて、スイッチを入れるときには、網のすき間部分から指を突っ込む感じです。

「どうぞおかけください」と言われ、パイプイスに座りました。お母さんは必死でトムを押さえていますので、とても一緒に座れそうにありません。「お茶をお出ししたいのですが……」とおっしゃいますが、とんでもない！　そんな怖いことはしないでください。トムにひっくり返されてお茶が飛び散り、それをふくのでさえもままならなくなるだろうことは、容易に想像できました。

「茶托《ちゃたく》もトムに食べられてしまって……」と説明するお母さん。キッチンを見ると、トースターは冷蔵庫の上。トムが届きそうなところには何も置いてありません。シンク下の扉には、開閉できないように留めるものが取り付けられていました。正直なところ（申し訳ないのですが）、人が住んでいる部屋には見えませんでした。お母さんの「カーテンも、テーブルも、何もかも、トムに食べられてしまいました」という言葉も、あながち大げさではないのかもしれません。

とにかく、この状態ではゆっくり話ができそうにないので、トムを入れておくところはあるか尋ねると、ハウスは使っていないとのこと。それでは「リードをつなぐところはありますか？」と聞いてみると、それほど頑丈な場所は思いつかないそうです。

そうこうしているうちに、お母さんはやはりトムを押さえきれず、私に飛びついてきました。不意をつかれて、不覚にもよけそこねた私の顔にトムの前足が届き、目の下にふた筋の爪跡がついてしまいました。爪跡はだんだん赤くなり、私はその顔で地下鉄に乗って、次のお宅へ向う羽目に……。

それはともかく、そんな様子で日々どうやって暮らしているのか、疑問に思いました。お母さんの話によれば、お父さんがいるときはまったく〝別犬〟で、ずっとお父さんの足下に伏せて寝ているんだそうです！　ちょっと想像できませんでしたが、その場面を観察することも必要ですので、その日のカウンセリングは早々に終了し、次回はお父さんにも参加してもらうようお願いしました。

後日、再度伺ったときのこと。チャイムを押しても犬が吠える声は聞こえません。中に入ると、リビングでお父さんがトムのリードを持っていました。お父さんは、とても背が高く立派な体格の方でした。トムはお父さんの足下に伏せています。こちらをちらりと見るものの、すぐにお父さんに視線を戻します。

前回、あんなに飛びつきたがったトムだとは、とても思えませんでした。

トムはお父さんを尊敬していて、お母さんとお嬢さんをバカにしているのでしょうか……？　そうではなく、トムは「お父さんは強くて押さえつけられてしまうけれど、お母さんとお姉ちゃんはできない」と学習しただけです。

私はすばりお父さんに聞いてみました。「トムに体罰を使ってしつけていますか？」と。仕事の関係で出張が多く、家を空けることが多いお父さんは、日に日に体が大きく、やんちゃになっていくトムを見て心配になりました。家族に何かがあったら大変！と責任を感じ、体罰で厳しくトムをしつけようとしたそうです。

ある意味それは成功しており、確かにお父さんがいるときだけはトムは借りてきた猫のようです。ところがその反動でしょうか、お母さんと娘さんだけになると、まるで怪獣のように暴れまくるのです。そしてその様子は、ビデオにでも撮らない限りお父さんが見ることはできないのです。

ならばビデオで撮影してみてもいいと思うのですが、お母さんは、「お父さんがそれを見たら、トムへの体罰はますますひどくなる。かわいそうでそんなことはできない」と言います。その気持ちもわかります。

家族のために、お父さんの体罰によるしつけをやめてもらいたかったのですが、説得の甲斐なく、お父さんは「やはり家族が心配なので体罰はやめられない」の一点張り。どうしてもやめていただくことはできませんでした。

体罰が続いてしまうと、「お父さんには従うけど、お母さんと娘さんには従わない。従わなくても大丈夫。自分がやりたいことをやってのけられる」、トムはそう学習し続けます。お父さんが家にいないことが多いだけに、なおさらお母さんと娘さんの力でも従ってくれるようにしなければならないはずなのですが、そこをご理解いただくことができませんでした。力及ばず、無念です。

問題行動の原因がわかって、どんなに的確なアドバイスができたとしても、飼い主さんが自身がそれに共感し、信じて実施してくれなければ、問題行動の改善はできません。飼い主さんとプロのドッグトレーナーの共同作業によって、初めて成功するのです。

トム、幸せに暮らしていますか? お父さんを説得できなくて、本当にごめんね……。

父さんは強い
だから
絶対 逆らわない
…
…でも…
いい子にしてるんだぞ
いってらっしゃい
父さんが
いないときは…
ニヤリ

モンダイ行動 part 7

お散歩の悩み

飼い主さんと愛犬が、息もぴったりに楽しくお散歩している場面は、
見ていてほほ笑ましいもの。
愛犬と一緒に楽しく歩くためのヒントをご紹介します。

拾い食いをする

『はな』の場合
(ビーグル/♀/3歳)

私が思う「理想の散歩」とは……。多少犬が引っ張っていても、飼い主さんが「ねえ」と呼びかければ、犬は「なあに?」と振り向いてくれる。飼い主さんが立ち止まって、待っているようにお願いしたら、犬はじっとしていてくれる。そんな、お互いを気にし合って、一緒に歩けているような散歩です。

散歩しているとき、愛犬には臭いや音、景色、動くものを楽しんでほしいと思っています。もちろん、危険のない範囲でコントロールできるという条件のもと、です。

拾い食いに関しては、犬の本能から考えれば自然なことだと思います。野生の犬たちだったら、獲物が捕れなかったときや小腹が空いた(?)ときに食べられそうなもの(木の実や虫など)が落ちていれば、それを拾って食べるはず。むしろ食べられるものが落ちているのに全然興味を示さないほうが、本来の犬の姿としては不自然だと思うのです。

でも飼い主さんとしては、落ちているものを食べてほしくない。拾い食いをやめさせるためには、まず「拾い食いはできない」と学習させることがポイントです。そして、拾わない習慣をつけることも重要。

お散歩中の拾い食いで困っている飼い主さんはとても多いですが、「拾わないことを学習させなければならない」ことを理解している方は少ないように思います。『はな』の飼い主さんもそうでした。

「拾い食いが直らなくて困ってます」という相談を持ちかけるということは、これまでにたくさん拾っているということですね。どんなものを拾って食べた経験があるか聞いてみると、出るわ出るわ（笑）。葉っぱに乾いたミミズの死骸《しがい》、タバコ、何かの実、フライドチキンの食べ残し、猫の糞などなど……。

幸い、これまで大事に至っていないようなので、はなはずいぶんお腹が強いのかもしれません。とは言え、それほどたくさん拾わせてしまったということは、飼い主さんのリードさばきに問題がありそうです。

犬にとって気になるものが手に入ったら、それは〝成功報酬〟となります。この成功報酬は、もちろん犬を喜ばせてしまいます。喜ぶようなことが起きると、犬はその行動を繰り返すように。こうして学習し、さらに繰り返すことで習慣として定着していくのです。

はなの場合には、これまでに相当いろいろなものを拾って、かなりいい思い（？）をしていると思われます。トレーニングを始めたら、飼い主さんが「もう絶対に拾わせない！」という強い意志を持つことが大切です。うっかりまた拾わせてしまうと、「がんばれば拾える！」という、大変ありがたくない学習になってしまうからです。

具体的な方法としては、まずリードを短く持ちます。ぎりぎり首を吊らないくらいのところでしっかりと握ります。その腕が前や横に出たり、上がったり下がったりしないように、体の横でできるだけ固定します。

犬が首を下げて臭いを嗅ごうとしたら、飼い主さんは立ち止まって、リードをちょいちょいと真上に引き上げ、こちらを見てくれるまで名前を呼びます。目が合ったら、おやつを与えます。

これを繰り返していると、犬は「何か見つけて臭いを嗅ごうとすると飼い主がリードをちょいちょいしてくれて、おやつがもらえる」と学習します。拾おうとしたものよりもおやつのほうが魅力的であれば、拾う行為はすぐにやめるでしょう。そのうち名前を呼ばれなくても、「ちょいちょいされるとおやつがもらえる」と思って飼い主さんの顔を見てくれるようになるはず。「何かが落ちていると、飼い主さんがリードをちょいちょいしてくれる」と学習したら、ちょいちょいしなくても顔を見上げてくれるようになります。

犬が頭を下げて地面の臭いを嗅ごうとしたり、拾おうとしたときに「ダメ！」などと言う必要はありません。どうせダメと言われても、拾える可能性がある限りやめませんし、「ダメと言われても拾える」という学習になるだけです。ムダなエネルギーは使わず、ただ淡々と、首輪（あるいはジェントルリーダー）を引き上げればよいのです。

これを続けて、臭いを嗅ごうとしたり、拾おうとしなくなってきたら、おやつを与えるのは、何回かに1回に減らしましょう。与えないときは、声でほめてやるようにします。なでられるのが好きな犬は、なでてやるのもよいでしょう。ある程度の時間はかかるかと思いますが、やがておやつはいらなくなります。最低でも1カ月は続ける覚悟で取り組んでください。

はなの飼い主さんには、それと並行して飼い主と愛犬の正しい関係を作るベースプログラム（『犬のモンダイ行動の処方箋』P22〜参照）を3週間実施してもらいました。

外でのトレーニングを始めると、食いしん坊のはなはすぐに名前を呼ばれるとおやつがもらえることを理解。「こっちのほうがおいしい！」とばかりに、たびたび私の顔を見上げるようになりました。それはそうですよね。乾いたミミズより、チーズのほうがおいしいと思いますし、がんばって見つけて拾わなくても、顔を見上げるだけで、チーズがもらえるのですから。

リードを飼い主さんに渡すと、はなはふだん通り拾い食いをしようとしましたが、やはりすぐに「名前を呼ばれて顔を見上げればチーズがもらえる」ことを理解し、うれしそうに顔を見上げるようになりました。

はなはこのトレーニングを気に入ったようで、拾い食いをやめるまでに、そう長い時間はかかりませんでした。おやつはだんだん減らしていき、そのうち必要なくなると思います。ただしビーグルという犬種は、とくに臭いを嗅いだり、拾い食いをするのが好きなようですので、たまに与えてやったほうが良いかもしれません。お互いそのほうが安心ですし、きっと楽しい散歩になることでしょう。

はな
おっ!
何!?
はい
チーズ!
わお♡
チーズ♡

column

“フードの床投げ”はNG？

「フードを床に投げて犬に食べさせると、拾い食いするようになる」。インターネットの情報でそんなことが書いてあったけれど、本当のところはどうなんですか?と、飼い主さんに聞かれたことがあります。

床に食べ物が落ちているのを見つければ、犬なら大体食べるでしょう。それは動物として当たり前の行動でしょうし、食べないほうが不思議です。床に投げたフードを食べさせないようにトレーニングしたとしても、それは飼い主さんが見ているときだけの話で、飼い主さんが見ていないところで床に落ちた食べ物を見つければ間違いなく食べるはず。フードを投げて食べさせたからといって、それが原因で拾い食いの癖がつくわけではないと思います。拾い食いは、犬の本能なのです。

また、「散歩では拾おうとしないけれど、室内で拾い食いして困る」とお悩みの飼い主さんも多いようです。それは「外では首にリードを着けられていてやらせてもらえない、できない」ということを理解しているから拾おうとしないだけです。自由に動ける室内で、首をコントロールされていなければ、食べ物が床に落ちているのを見つけたら食べると思います。

飼い主さんがそばにいるときは、床に落ちているフードを見つけても絶対に食べないというチワワがいました。でも、飼い主さんが別の部屋に行くと食べてしまうそうです。それはそれほど変わったことではあり

ません。

「マテ」の指示を出せば、飼い主さんがその場を離れてもずっと食べずにいる犬もいるようですが、「マテ」と言われていなければ拾って食べてしまうのではないでしょうか。「マテ」の指示を出されたときは、その後に必ず「ヨシ」という解除の指示が出て食べられる。「マテ」→「ヨシ」→「おやつ」という学習ができているから食べずに待つのです。ですから、飼い主さんが家から出てしまったら（解除の指示を出してくれる人がいなくなってしまったら）、やはり食べると思います。

トレーニングをすれば待てる犬もいるかもしれませんが、そんなかわいそうなトレーニングにはあまり意味がないと思います。目の前におやつがあるのなら、何か理由がない限りは食べさせてやってほしいです。

同じ理由で、ごはんの「マテ」をかなり長くさせる飼い主さんがいますが、それもあまり意味がないと思います。犬の社会においては、「誰も食べていないものを、食べたいのに我慢する」という行為はとくに必要とされていないからです。

どうしても室内で拾い食いをしてほしくなければ、毎日床をきれいに掃除して、できるだけ食べられるものを床に落としたり、届くところに置かないようにすることです。

愛犬のために散らかっていた部屋がすっきり片付くようになった、なんていうのも悪くない話ではありませんか？

モンダイ行動 part 8

多頭飼いのトラブル

複数の犬と暮らす場合には、
互いの関係を良くしてあげるための工夫も必要。
人間のきょうだいとはちょっと違うそのコツを、ご紹介します。

仲良し兄妹のススメ

『ボビー』（ウェルシュ・コーギー／♂／１歳）
『メイプル』（ウェルシュ・コーギー／♀／１歳）
の場合

「同胎犬」とは、同じ母犬から一緒に生まれた犬たちのことです。たとえば5頭生まれた場合には、人で言うところの5つ子ということになります。今回は、『ボビー』と『メイプル』の同胎犬2頭の仲が急に悪くなってしまった、という相談を受けました。

飼い主さんは「2頭は一緒に生まれたのだから」ということで平等に扱い、愛情を注いできたそうです。確かに、人間だったらそうあるべきですよね。

実際に犬たちに会ってみると、ボビーは明るく人なつこい性格。とても安定した性質で、初対面の人間を怖がる様子もなく、すぐに私を受け入れてくれました。一方のメイプルは、少し離れたところから私を観察していて、警戒してなかなかそばには近づいて来ませんでした。しばらくすると、臭いを嗅ぐくらいはできるようになりましたが、恐る恐るという感じ。そんな印象から、この2頭が平和に過ごすために順位を決めてやるとしたら、メイプルが上になるのはあり得ないなと感じました。

8カ月齢を過ぎたあたりから小競り合いのようなケンカが起きるようになり、1歳過ぎで大ゲンカがあったそうです。犬は理由がないのにケンカはしません。原因を探るために、ケンカが起きた少し前のことから詳しく聞くことに。

すると、ちょうどそのころに出張のドッグトレーナーさんを呼んで、メイプルだけ近くの公園でオビディエンス（※）などのトレーニングを始めたのだそうです。メイプルだけだった理由は、トレーニングは1人のハンドラー（飼い主）につき1頭で行うものだったので、平日の昼間に犬を連れて行けるのは奥さんだけだったから。ボビーではなくメイプルを連れて行くことにしたのは、トレーナーさんが2頭の動きを見て、トレーニングしやすそうだと判断したのがメイプルだったということでした。

そしてある日、悲劇が起きました。トレーニングから戻って来たメイプルの足をふいて室内に解放してやると、そのまま奥の部屋へ得意気に走って行きました。すると「ギャーッ！」という、今まで聞いたことがないようなメイプルの悲鳴が聞こえたそうです。飼い主さんが急いで駆けつけてみると、メイプルがひっくり返り、震えながらおしっことうんちを漏らしていたそうです。ボビーはその近くで、珍しく興奮した様子でメイプルを見ていました。

メイプルがトレーニングから帰ってきたときの、ふだんの2頭の様子を尋ねてみると、トレーニング後のメイプルはいつも興奮気味。意気揚々とリビングをしばらく走り回り、

※服従訓練のこと。脚側行進や停座（オスワリ）、伏臥（フセ）などの訓練項目があり、競技会も開かれています。

それを見ているボビーがピリピリしている感じはあったそうです。

やはり、ボビーも一緒に行きたかったのだと思います。外の臭いをたくさんつけて、自慢げに帰って来たメイプルに対して、探究心旺盛な時期で、ましてやオスの本能からも、ピリピリするのは当然だったかと思います。そして、たまったストレスが爆発してしまったのです。

そして実際にケンカをしてみたら、ボビーのほうが強いということがわかったのです。メイプルはお漏らしこそしていましたが、一切ケガはしていませんでした。犬同士のケンカは、犬同士で決着をつけたいときに起こるものです。

そこで私は飼い主さんに、犬との正しい関係を作るためのベースプログラム（『犬のモンダイ行動の処方箋』P22～参照）を実施してもらい、日常の何気ない場面から、ボビーを意識的に優先するようにアドバイスしました。激しいケンカが起きてしまった場合、きょうだいに順番をつけることはかわいそうではありません。逆に、メイプルを守ってやるためには、そうすることが必要なのです。そして、メイプルが譲るという習慣を作ることも大事です。

飼い主さんは、ふだんはメイプルのほうが強いと思っていたそうですが、怖がりで警戒心が高いことから出る防御的な攻撃行動が、そのように見せたのでしょう。私が見た限り、ボビーとメイプルでは明らかにボビーのほうが落ち着いていて〝兄貴〟にふさわしく、もしメイプルに「お姉さんをやりなさい」と言ったら荷が重すぎたと思います。

このように決めてやれば、もし小競り合いが起きても、メイプルが「はいはい兄さん、わかったわよ」と謝ってしまえばそれで収まります。そのために、〝妹のポジション〟というものを教えてあげるのです。それは、いわゆる上下関係とは違います。あくまでもきょうだいの順番です。兄弟では、上の子を優先することがあっても、だからと言って下の子を虐げているということではありませんよね？　それと同じ感覚です。

ただひとつ違うのは、犬のきょうだいの順番には、「お兄ちゃん（お姉ちゃん）なんだから、我慢しなさい！」とか「お姉ちゃん（お兄ちゃん）なんだから、妹（弟）をいじめるんじゃありません！」という理屈は存在しません。それでは混乱させてしまうので、とにかく下が引くようにしておくことが大切です。きょうだいの順番を意識しなくても、平和な群れはたくさんありますが、もし群れ内でケンカが起きるようでしたら、順位を気にしてみてはいかがでしょう。

ボビーとメイプルの飼い主さんは、声をかける、ごはんを与える、散歩の順番など、日常生活のちょっとした場面でボビーを優先するようにしました。すると、2頭の関係はとても良くなったそうです。

ボビーはますます安定して頼もしく、神経質だったメイプルも落ち着いてきたそうです。たまに小競り合いもあるようですが、今では逆に、いろいろな場面でボビーがメイプルに譲ってやることも増えたそうです。

「頼れる存在がいる」、「誰かに守られている」という実感があることは、幸せなことなんだろうと思います。人も、犬も。

ギャー
!?

モンダイ行動 part 9

とにかく怖がる

自分の家族以外の人や犬を怖がる、という犬は珍しくありません。
何としてでも怖がりを克服したほうがいいのか、
それともうまく付き合って行くのか……。
犬と飼い主さんの“幸せのカタチ”を探ります。

家族以外の人をすべて怖がる

『ハッピー』の場合
（チワワ／メス／2歳）

飼い主さんは、『ハッピー』に友達ができないことを悩んでいました。ハッピーはとても怖がりです。私がお宅に伺ったときも、大きなサークルの中で必死に私に吠えかかってきました。サークルの中を私がチラッとのぞくと、まるで「ギャー！」と悲鳴のような雄叫びを上げて吠えます。少しでも近づこうものなら、叫びながらサークルの中を逃げ回って、飛び出さんばかりです。と言って、扉を開けてやっても怖くて出て来られないのですが……。

顔はと言うと、目をひんむいて、よほど怖いのか鼻水まで垂らしていました。大好きだというおやつを投げてやっても食べません。久しぶりに見るレベルの怖がりようでしたが、お客さんが来ると毎度こんな感じだそうです。何度も遊びに来る友人でも、いまだにダメなのだとか。飼い主さんによると、一緒に住んでいる人以外は受け付けないようです。そのように〝いっぱいいっぱい〟な感じなので、お客さんが帰るとハッピーはぐったり疲れて寝込んでしまうそう。

そんな怖がりさんですので、ドッグランなどに連れて行った日には、ほかの犬と目が合った、近すぎる‼と言ってはギャーギャー騒ぎ、飼い主さんが座っているベンチの下にこもりきりに。「遊ぼう!」と誘いにきてくれた犬たちには、吠えかかって蹴散らしてしまうそうです。

ドッグカフェでも、キャリーバッグから出した途端に吠えまくり、人や犬に近づかれると大騒ぎ。ほかのお客さまや犬たちに迷惑をかけてしまうので、連れて行ってもキャリーバッグから出せないとのこと。ドッグランもドッグカフェも、ハッピーにとっては全然ハッピーになれる場所ではないようです。それでも、がんばって友達を作る必要があるのでしょうか……?

ハッピーはすでに2歳。これから新しい友達に慣らしていくには、少々成長しすぎています。もともと怖がりで、家族以外の人がいると家でおやつも食べられないくらい緊張してしまうほどなら、私は無理に友達を作る必要はないと思います。

別のケースですが、初めて行ったドッグランで、ほかの犬に追いかけ回されてしまった犬がいます。飼い主さんはこれも社会勉強だと思って全然助けないでいたら、お散歩で出会う犬に吠えかかるようになってしまいました。その犬にしてみれば、ドッグランでの経験はよほど怖かったのでしょう。「ほかの犬に追いかけられて怖い思いをしているときに、飼い主は自分を助けてくれない」と学習した可能性があります。だから、自分から先制攻撃をして追い払おうとしているのかもしれません。過保護に助けすぎるのも良くありませんが、助けなさすぎるのも良くないということを知るきっかけになったケースでした。

もともと怖がりで、子犬のころにほかの犬との社会化をあまりやってやれずに成犬になってしまった場合、無理に犬のお友達を作る必要はないと思っています。

飼い主さんと一緒にいられるだけで、十分幸せに暮らしている犬はたくさんいます。もちろんほかの犬と仲良くできて、楽しそうにドッグランで走り回れる犬たちには、お友達を作ってあげてもいいと思いますが、ハッピーほどの怖がりな犬は、ドッグランに連れて行くこと自体がかなりの負担になってしまいます。

私は飼い主さんに、「もう2歳になったことだし、それほどハッピーに負担をかけてまで友達をつくる必要はないのでは」と伝えました。すると飼い主さんは「じつは、私もドッグランに行かなくちゃいけないとは思ってないんです。でもこないだ、会社で犬を飼っている人に、連れて行ってあげないなんてかわいそうだって言われてしまって。インターネットの掲示板なんかでも、犬にお友達がいないとかわいそう、って書いてあるし……」とのこと。

今まで私が実際に見てきた人と犬の群れ、人と犬たちの群れの様子は、インターネットにあるような情報とは異なります。私の愛犬『フーラ』は、ほかの家（群れ）の犬たちとはまったくかかわろうとしませんが（『犬のモンダイ行動の処方箋』P170〜「お友達ができない！」参照）、だからと言ってかわいそうな犬には見えません。私や犬たちに好かれている私の友人（シモべ？笑）と遊んだり、『コタロー』になめてケアしてもらっているフーラは、十分犬生を楽しんでいるように見えます。

私は飼い主さんに、ハッピーの怖がる様子から判断すると、群れ（家族）以外のお友達を無理に作ることは非常にストレスになってしまうこと、飼い主さんがいてくれるだけで十分幸せを感じているはずだ、ということを話しました。

それを聞いていたご主人は、「ほら、だから俺が言っただろう。ハッピーは俺たちがいれば十分だよって」と、うれしそうに言いました。

そんなわけで、人間2人、犬1頭のハッピーライフを気持ちよくエンジョイしよう！ということになった矢先、飼い主さんから「事情があって、オスのトイ・プードルの子犬を引き取ることになってしまいました。助けてください！」という連絡がありました。

私が会いに行くと、ハッピーは相変わらず私をひどく怖がって吠えかかってきました。しかし今回は、扉を開けてやると、何とすんなり出てきました！　前は近づくことすらできなかった私のそばにもけっこう来るのですが、その様子は前と比べるとやや攻撃的になっていました。おそらく、子犬を守ろうとする本能が働いていたかと思います。群れのメンバーが増えたときによく見られる現象です。訪問者（侵入者）に対しての吠えや、物音などに対する警戒吠えがひどくなることもあります。前は怖かっただけなのに、今回は、私を子犬に近づけないようにしているようにも見えました。

そんな風に姉犬（ハッピー）に守られている弟犬はというと……、こちらは満面の笑み（のように見える）で、私に飛びついてあいさつしようとしています。姉の気持ち弟知らず。ハッピーとはまったく対照的な性格で、何事にも動じそうにない、元気で明るい子犬でした。

弟犬が走り回るとハッピーは吠えかかるのですが、弟犬のほうはびくともせず、空気を読まない感じで前足で空をかき、ハッピーを遊びに誘ったりする余裕も見せています。でもハッピーは「どうしたらいいかわからない」そんな様子でした。

まだ仲良しには見えませんでしたが、それなりに過ごしているようでした。ハッピーは弟犬に吠えかかるけれど、弟犬がケガをしたことはないとのこと。それなら大丈夫！このまま無事、群れになっていってくれるでしょう。

私は、あいさつ代わりに弟犬にさつまいものおやつを与えようとしたのですが、何とハッピーも私に近づいてきました。これは群れの効果で、前回は私がやったおやつは食べなかったのに、弟犬が食べているのを見て自分も食べたいと思ったのでしょう。何事もなく無事にもらって食べている弟犬の姿が、ハッピーの恐怖心を和らげたのかもしれません。ハッピーが自分から私に近づいてきたのは、これが初めてでした。

できるだけハッピーを怖がらせないように、おやつを指先でつまんで、肩から指の先まで力を抜くようにして、目をそらしてできるだけそっと差し出してみました。ハッピーはぎりぎりまですごい迫力で吠えるのですが、なぜか食べるときは私の手を噛まないように、上手に前歯でさつまいもだけを口に入れました。そしてすぐに私から飛びのくようにして離れ、またうなり出します。でも、再びさつまいもを差し出すと、またゆっくり近づいてくるのです。

おやつを食べることができるなら、これを繰り返し練習することで、ハッピーは「お客さんはおやつをくれる」と学習し、食べたい気持ちが怖い気持ちを超えるかもしれません。そうしたら、「吠えるより食べる！」となり、それほど激しくしつこく吠えることもなくなるでしょう。もちろん、お客さんが「好き」になるまでにはかなりの時間がかかるでしょうし、もしかしたらその日は来ないかもしれませんが、「いてもいいかな」くらいにはなりそうです。

その後、飼い主さんのブログをまめに拝見していたのですが、ハッピーは、今ではそれなりにハッピーに過ごしているようです。大好きな飼い主さん夫妻と、明るくて元気な弟犬という4頭（？）の群れで……。

column

愛犬文化を守るマナー

犬を飼う人が増えることは、犬好きの私にとってはうれしいこと。しかし、社会の中に犬の姿が増えるほど、マナーの悪さが目立ってくるのはやはりうれしくないです。

「犬は番犬」という時代から、「犬は家族の一員」と考える人が増えた今、「できるだけどこへでも一緒に行きたい」と思う気持ちはわかります。でも実際は、周囲から不快と感じられたりトラブルが起きているのも事実で、非常に残念に思います。

私が犬の飼い主として心がけているのは、「犬を飼っていない人や犬が苦手な人に嫌な思いをさせないこと」です。そうすることで、犬を飼うことにいっそうご理解をいただきたいと願っているからです。犬が苦手な人から見ても、自分と愛犬の関係を「すてきだな」と思っていただけたらいいなと思っています。

しつけのアドバイスをしている立場から、飼い主さんに対しては以下の2つを守ることが〝犬の飼い主が果たすべき大事な責任〟だとお話ししています。

1 他人に迷惑をかけないこと
2 犬の身に危険がないこと

そのためにしつけをする必要があると考えています。

私が首都圏（主に東京、神奈川。たまに埼玉や千葉）で犬の問題行動改善をお手伝いする仕事をしていて、扱うお悩みのナンバーワンが「吠え」に関するものです。郊外ではあまり問題にならないものでも、集合住宅や都会の一軒家では、犬の吠える声は近隣にとって迷惑なものです。ですから、吠えないようにしつけをする必要があり、私たちが対処方法をアドバイスして実際の犬の吠えをコントロールするケースも多くなるというわけです。

　このように、社会の迷惑にならないように犬のしつけに取り組むのは大切なことですが、それには飼い主さんの意識を見直すことも不可欠です。飼い主さんのマナーに対する理解度が低いと、その愛犬は周囲から迷惑がられてしまい、ともすると「犬全体が悪いもの」と見られてしまう危険性もあります。

　犬を連れて行けるカフェには、「ワンちゃんウェルカム！」のドッグカフェと、「愛犬同伴可」のカフェがあるようです。前者はまさに犬と飼い主のためのカフェで、ワンコ用メニューもあれば、犬グッズ販売もあって、お店には看板犬がいたりすることも。後者は「ほかのお客さまの迷惑にならなければ、同伴しても良いですよ」というスタンスのカフェ。しつけのハードル的には、後者のほうが高いのかなと感じます。

　私は犬が好きですが、愛犬をきちんとコントロールできていない飼い主さんを見るとがっかりします。たとえばカフェの場合、大きな声で吠え続けたり、前足をテーブルにかけさせていたりするのを見ると、やはり不快ですし、飼い主さんに腹が立ちます。なかには「かわいそうだから（?）リードを外してあげてくだ

ずーっとゲリだったのよ〜
もぉ立派な
くんじゃん

さい」と促すカフェもあるようですが、残念ながら咬傷事故が起きているようです。

　個人的な意見ですが、私がわが家の犬たちとカフェに行ったときに、私のそばから離れてノーリードでふらふらどこかへ行ってしまったら不安です。何かやらかしてしまったら申し訳ないので、落ち着いて食事なんかできません。逆に、自分の犬たちのところへノーリードの犬がふらふら近づいてくるのも不安ですし、不快です。

　カフェのマナーで、飼い主さんが見落としやすい（勘違いしやすい）ものに、「シートでの排泄」があります。飼い主からしてみれば「シートで排泄したらえらいじゃない！」ということになるのかもしれませんが、食事をする場所で、犬の排泄を見ても平気でいられるのは特殊な感覚だと理解しておくべきでしょう。臭いだって迷惑です。カレーを食べている人の隣の席で、犬がシートの上にゆるいウンチをしたという撮影裏話を、雑誌の編集の方が教えてくれたことがありました。

　あと、うっかりしがちなのが話題の内容です。犬を飼っている人は、意外と平気で排便の話や犬の性器の話などすることが多いのですが、これは犬を飼っていない人にはとても不快なもの。とくに食事をするところでは御法度です。実際に隣のテーブルにいた人から怒られてしまった飼い主さんたちがいたそうで、何とも恥ずかしい話です。飼い主である前に、人として恥ずかしくないようにしたいものですね。

マナーを見直し、犬に興味がない、あるいは苦手な人から見ても「いいな」と思えるようなドッグカフェや犬同伴可のカフェが増えて、すてきな愛犬カフェ文化が育ってほしいと願うばかりです。

ノーリードで犬同士が接するところとしてはドッグランが挙げられますが、こちらでのマナーもとても大切です。まず絶対に飼い主さんにお願いしたいのが、愛犬から目を離さないこと。これを怠ったために、残念ながら噛む噛まれるの事故が起きています。犬が亡くなってしまったという最悪のケースもあるようで、本来楽しむための場所なのに、残念で仕方ありません。

そういった事故を防ぐためにも、ドッグランへ愛犬を連れて行くのは「呼び戻しができるようになってから」と、強くお願いしたいです。ほかの犬にしつこくされたり、逆に自分の犬がしつこくしてしまったときに、呼び戻すことができれば、トラブルを未然に防げることもあるのです。

街中で気になるのは、リードの長さです。私は犬が好きなので、すれ違うときに犬が自分のそばまで来るくらいに長めにリードを持っている飼い主さんと犬にそれほど嫌悪感はありません。ただ、犬を好きではない、怖いという人には不快だろうと感じるすれ違いがよくあります。

噛む犬のトレーニングのときも、同じ思いをすることがあります。噛むとわかっているのに、飼い主さんのリードさばきがあいまいで怖いのです。よけないと噛まれるようなところまで飛びつかせてしまうので、けっこう怖い思いをします。だからこそ他人に噛みつかせてしまって、レッスンを申し込むことになるのかもしれないのですが……。

他人が不快感を感じないようにリードは短めに持ち、犬の動きをコントロールすることが大事。さらにリードだけに頼らず、指示で動きをコントロールできるくらいにまでしておきたいものです。外での愛犬との関係は、そうあるべきだと思います。

スマートな姿と言えば、都会の真ん中で散歩する飼い主さんと愛犬の姿をよく見かけるようになりました。おしゃれな場所では、愛犬の排泄スポットを探すのにもひと苦労することがあるようです。うんちならまだ拾って持ち帰ることができますが、おしっこはそうもいきません。水で流してから消毒液をスプレーする、というのが主流のようですが、それでも犬がおしっこしたと思われる痕跡を見るのは、犬好きでも複雑な気持ちになることがあります。

これからはスマートな飼い主として、外でもシートで排泄できるように愛犬をトレーニングすることも考えてみてはどうかと思います。できない場合には、マナーベルトやマナーパンツを着用させるなどの意識改革も必要な時期にきているのかもしれません。また、犬のうんちを持ち運ぶときも要注意です！臭いをまき散らして迷惑をかけてしまうことがないように、消臭効果があって、密閉できるタイプのポーチなどもぜひ活用して、スマートな飼い主&愛犬でいることを心がけましょう。

また、最近は犬用のカート利用も増えてきました。電車の中などで、赤ちゃんを乗せたベビーカーのマナーが問題になることがありますが、それが犬だったらなおさらのこと。犬を飼っていない友人に犬をカートに乗せることを話すと、たいてい驚かれます。とくにエレベーターを利用するときは注意が必要。犬は大切な家族の一員ですが、人間の赤ちゃんを乗せたベビーカーを優先するのは、人として自然なことかと思います。

ベビーカーが多く、犬をカートに乗せた飼い主さんがなかなか乗れないときに、もしベビーカーのママさんが「お先にどうぞ」と言ってくださったとしたら、それはすばらしくすてきなご提案です。でもそのお気持ちはうれしくいただくとして、やはり私個人としては、人間の赤ちゃんにお譲りしたいと考えます（犬用カート、持っていませんが）。

マナーを守ることは愛犬家文化を守ること、ひいては自分と愛犬の生活を守ることにもつながります。大切なのは社会に対する思いやり。それは、人と犬の問題に限ったことではありませんよね。

※取材協力＊浅井香葉子（NPO 法人日本ドッグマナー協会）http://dogmanner.org/

モンダイ行動 part 10

吠える

私が扱う飼い主さんからの相談で最も多いのは、やはり「吠え」に関する問題。
具体的な対処法と私の考え方を、
一歩踏み込んでご紹介したいと思います。

体罰で改善しなかった“チャイム吠え”

『ロック』（ミニチュア・シュナウザー／♂／４歳）
『コタロー』（ミニチュア・シュナウザー／♂／２歳半）
の場合

わが家で初代犬『ロック』を1頭だけで飼っていたころには、配達の人に吠えることはほとんどありませんでした。ところが『コタロー』を迎えてからロックが吠えるようになり、それはだんだんひどくなっていきました。群れのメンバーが増えると、吠えがひどくなるケースが多いようです。

参考までに、わが家の群れの吠えについてご説明します。最初、ロックとコタロー2頭だったころは、警戒心が強いロックが〝吠える役割〟を担っていました。その後『アクセル』を迎えてから、ロックより神経質なアクセルのほうが外の物音をすばやくとらえるようになり、ロックはすっかりアクセルにその役割を任せるように（？）なってしまいました。アクセルが吠え始めると、「そうか、どれどれ！」という感じで後から参加するのです。コタローに関しては、参加する気はまったくないようです。性質もおっとりしていて、怒って吠えているのにそう見えない、ある意味番犬としては残念なタイプ（笑）と言えるでしょう。

その後、メスの『フーラ』を迎えました。出産後に、玄関のチャイムの音や配達の人、来客に対していち早く反応し、しつこく吠えかかるのはフーラになりました。出産を経験すると吠えるようになることがあるようですが、わが家のフーラはまさにそれ。その息子の『アトラス』は、お調子者&小心者のビビりなので、そのあたりは兄さんや母さんたちに任せているらしく、ほとんど吠えません。たまに参加しているかな、というくらいです。

まだロックとコタローしかいなかったころ、私は家庭犬訓練所に勤務していて、犬が吠えるのは「陰性強化」（してほしくない行動をしたら嫌な刺激を与えてその行動を止めさせる方法。体罰を与えるなど）でやめさせられると信じていました。受け入れよう、うまく手助けしてやろう、という発想はまだまったくなく、力ずくで止めることしか考えていなかったのです。

ですから「うるさい！」と大きな声で怒鳴ったり、頭やお尻、あごの下をたたいてみたり、「スクラフ・アンド・シェイク」という、首をつかんで揺すって叱る方法を試したこともあります。とにかくさまざまな罰を与えたのですが、吠えるのをやめさせることはできませんでした。それどころか、ロックは首をつかんで揺すられてもなお、ぶら下がった状態のままでうなっていたのです。これは、まったく学習をしていない証拠です。結局いろいろ手は尽くしたけれど、完全に吠えをやめさせることはできずにいました。

彼らが吠えることに関しては半ばあきらめたまま、訓練所を辞めた私はオーストラリアに渡って「ドッグテックインターナショナル」に出会い、「ドッグトレーナーズアカデミー」で研修をすることになりました。

私が日本の訓練所に勤務していたことをメールで伝えると、「あなたの経験はたいへん尊敬しますが、どうかすべてを忘れて、真っ白なノートに新しい1ページをつづる気持ちでシドニーへお越しください」という返事が届きました。

そこで私は、体罰を使うのではなく、犬という動物の習性を利用して上手にほめたりおやつを与えたりして問題行動を改善する、という新しいメソッドを知ることになります。まさに、目からうろこが落ちました！

シドニーにいながら観光したのはたったの1日という過酷な研修を、とても楽しく充実した気分で終え、そのメソッドを早く実施したくてわくわくしながら帰国しました。最初のクライアントは自分自身。相談内容は、チャイムの音と宅配の人に吠えまくる、困った2頭のシュナ・ブラザーズです（苦笑）。

まず私は、2頭の愛犬と正しい関係を作るため、自分自身でベースプログラムに取り組みました。ベースプログラムには「要求されたらなでない、抱かない」という決まりがあります。「抱かない」はすぐにできましたが、「なでない」に関しては難しく、いつもの癖でどうしてもさわってしまいました。無意識に手が伸びて「あ、なでちゃった!?」なんてことが続き、完全にスタートが切れるまで、恥ずかしながら4～5日かかってしまいました。それまで、いかに安易に犬たちの要求に応えていたのかがわかります。

ベースプログラムの実施と同時に、「オスワリ」、「フセ」、「マテ」のトレーニングも始めました。今さらという感じですが、訓練所に勤務していたころは、そこの犬たちに1日中ハードな訓練をして帰ってくる毎日。自宅でトレーニングをする気にはなれなかったのです。

訓練所にいた犬たちは、先輩からの指導でなでたりかわいがったりできませんでしたが、わが家のシュナたちはさわれるしかわいくて仕方ないしで、とくに何かを教える感じでもなかったのです。ただ、やってはいけないことは教えてありましたし、彼らは十分空気を読んで、自ら叱られるようなことはしませんでした。配達の人や来客に吠える以外は……。

いざトレーニングを始めてみると、ロックがあまりにも頑固に「フセ」をしなかったのには驚きました。訓練所に勤務していたころだったら、伏せなかったら無理やり背中を押したり、首輪にリードを付けてそれを踏んで頭を下げさせるなんていうひどい方法も使っていたかもしれません。

シドニーで習った方法は、おやつで誘導して、犬「自ら」お腹を床に着けさせる（伏せさせる）というものでした。おやつを握ったこぶしをロックの鼻先に出し、伏せさせようと下へ誘導しますが、途中まで首を下げたところで悩んでいます。どうやらお腹は着けたくないようです。どうしてもロックに自分から伏せてほしかったので、ベースプログラムを実施しながら何日も粘ったところ、ある日やっとロックがスッとお腹を床に着けました。とてもうれしかったので、しっかりほめておやつを与えました。それからは、得意げに伏せてくれるように。このとき、私とロックは、新しい関係へ一歩踏み出すことができたのだと思います。

やっと〝愛犬にフセをしてもらえる飼い主〟になった私は、本題の悩みである「チャイムの音と宅配の人に吠える件」に取りかかることにしました。チャイムが鳴ったら「マット」と指示をして、おやつを持ったこぶしで2頭をマットに誘導。そこへ座らせて待たせ、「ヨシ」という解除の合図が出るまで動いてはいけない、というトレーニングを強化しました。（詳しくはP36～「チャイム吠えをやめさせる」参照）

これで、ロックとコタローはマットの上で上手に待てるようになりました。友人がチワワを2頭抱いて部屋に入ってきても、マテの指示で伏せて待つことができました。飛びつかれるであろうことを予測していた友人は、何だか拍子抜けしていたのを覚えています。

2頭は自らを律し、伏せて待っていたこともあり、ごあいさつは穏やかにすることができました。ただ、チワワのメスには嫌われたようで、ロックは思いっきりガウられて凹んでしまいました（笑）。もちろん、こんなときにこのチワワを叱ってはいけません。メスには選ぶ権利があるのです（犬の話です！）。

その後、アクセル、フーラ、アトラス……と頭数が増えると、全頭マットに誘導して、伏せて待たせることはとても手のかかる作業に。こちらが中途半端に対応するので、犬たちも中途半端に吠え始めていたころ、ごはんの用意をしていたらチャイムが鳴りました。何頭かが吠えたので、思わずドッグフードをひと握り床にまいてみました。すると犬たちは、チャイムが鳴っているのに気にする様子はなく、床に落ちたフードを競争で食べていたのです。「これは使える！」と思い、時間を稼ぐためにペットボトルにフードを入れて、それを床に置いてみました。

犬たちは最初ボトルの臭いを嗅ぐだけだったのですが、すぐに前足で倒してコロコロ転がすようになり、転がすとフードが出てくるのがわかるとさらに喜んで転がすようになって、その行動が強化されました。なかでもアクセルはとても上手に中から出すので、今ではボトルを転がすのはほとんどアクセルの役目。ほかの犬たちは周りで見ていて、ボトルから出てきて転がるフードを急いでゲットする、という遊びになったようです。チャイムに吠えるのをやめさせる方法は、月日が経ち、頭数が増えるのに合わせて進化したのです。

犬たちがボトルの遊び方を理解したら、ペットボトルを床に置いてからすぐには遊ばせないで「マテ」を指示して待たせます。「ヨシ」で遊び始めてもOK、というようにステップアップして、待たせる時間をだんだん延ばしていきます。

待てる時間が延びて来たところで、チャイムが鳴ったときに「マテ」と指示。ペットボトルを床に置き、玄関で荷物を受け取って戻って来てから「ヨシ」で遊び始めてもいいことにします。

最終的には、チャイムが鳴ったら「マテ」と指示し、荷物を受け取って部屋に戻って来てから、「ヨシ」と言って冷蔵庫からペットボトルを出すところまでトレーニングすると、飼い主さんには都合が良いかと思います。

わが家では現在、チャイムに吠えなくなったので、鳴ったら「待ってて」と犬たちに声をかけて部屋を出ます。荷物を受け取って戻り、待っていた犬たちに「おりこうさんだったね！」と言ってしっかりほめておやつをやる、という習慣ができました。このように習慣づけてしまうと、先におやつを与えて食べ終わったら吠えられた、という事態を防げます。おやつは、将来的には使わなくてもよくなるでしょう。

何年も体罰で直せなかった吠えの問題は、こんなに楽しいことで解決できたのです。

※この方法は、おやつやフードを食べたい気持ちが、チャイムに吠えたい気持ちを上回らなければ使えません。どうしても上回るものが見つけられない場合には、ガウ缶（P 73参照）で止める方法もあります。

情熱犬道
ピンポーン
最初のクライアントは彼女自身
愛犬２頭の吠えのモンダイ
情熱犬道
ベースプログラムから取り組み
モンダイ行動は改善
情熱犬道
ピンポーン
？
マテ
中西家の愛犬は現在6頭
対処法も２頭のときとは違う
情熱犬道
犬のしつけは、
進化し続けるべき、
そう思うんです
そう語るドッグトレーナー
中西典子 才
まだまだ進化し続ける

「バトル」より「おいしい」！

『サニー』の場合
（ミニチュア・シュナウザー／♀／１歳）

『サニー』の吠えにはいろいろありましたが、今回は「掃除機に吠える」件をご紹介したいと思います。

ちなみにわが家の愛犬のうち『コタロー』と『アトラス』は掃除機に向かって吠えることはないのですが、『アクセル』と『フーラ』は吠えます。吠えるだけでなく、吸込口に噛みつくので、わが家の掃除機の吸込口は傷だらけです。とくに横長のヘッドの部分を外すと闘争心が燃え上がるようです！

掃除機が傷つくほど噛んでいると言いましたが、様子を見ているとなんだかへっぴり腰。「怖いけれど闘っている」という感じです。確かに掃除機からは変な音がするし前後に動くし、いろいろな方向に動いてくるし、嫌だから動きを止めたくなる気持ちもよくわかります。

しかし、掃除の邪魔です（笑）。嫌な思いをすればやめるかと、軽く鼻面を吸い込んでやったこともあるのですがやめません（※良い飼い主のみなさんはマネしないでね）。やめないということは、鼻面や舌を吸い込むという方法は罰として効かないということ。それを続けても学習にはなりません。

サニーも、同じような様子で掃除機に吠えかかっていました。気持ちはわが家の犬たちと同じなのでしょう。しかしサニーの場合には、飼い主さんの対応にも少々問題がありました。

サニーが吠える様子を観察したくて、飼い主さんにいつも通りに掃除機をかけてもらうよう頼みました。飼い主さんは何かを決心したように立ち上がり、サニーを〝ガン見〟しています。「サニー、掃除機しようか！　掃除機しよう！」と、なぜかけしかけるように話しかけ、それに反応してサニーが吠え始めました。掃除機が入っているクローゼットの扉に飼い主さんが手をかけると、サニーの吠えはいっそう大きくなりました。

「ちょっと待ってください！」と、私は思わず止めました。「それって、飼い主さんがけしかけてしまってますよね？」

すると飼い主さんは、キョトンとした後、やっと意味がわかったようで、笑い出しました。「あー、そうですね～！」

飼い主さん自身があまり自覚していなかったことは、ある意味、私にとっても新鮮な驚きでした。ということで、掃除機を出すところから飼い主さんの接し方を変える作業をすることに。

まずは、サニーが大好きなおやつを用意してもらい、すぐに食べ終わらないようにおもちゃなどに仕込みます。パズルなどの知育玩具でもよいでしょう。そして静かに「お掃除（ほかの言葉でもかまいません）」と言っておもちゃを見せ、おやつが入っていることを確認させて、それでケージに誘導してハウスに入ってもらいます。

おもちゃもハウスに入れてやり、扉を閉めてから、飼い主さんは静かにクローゼットに近づいてもらいます。サニーがおもちゃに気を取られているようなので、クローゼットを開けるところまでやってもらいました。そこでいったんストップ。これを何度か繰り返すと、サニーはクローゼットを開けても吠えなくなりました。

次に、サニーはハウスに入ったまま、かつクローゼットを開けたまま、今度は「サニーのハウスにおもちゃを入れたら掃除機を出す」ことを繰り返してもらいました。サニーはすぐに、掃除機を出しても吠えなくなりました。

さらに、掃除機は出したままでサニーのハウスにおもちゃを入れてから、掃除機のスイッチを入れます。あまり長くせず、最初は1～2秒から始めるとよいでしょう。これにもサニーは吠えませんでした。もし吠えてしまう場合には、おやつの魅力を上げてみましょう。犬は臭いが強いものが好きなので、チーズやレバーなどを好みやすく、犬にとってのグレードが高いのでおすすめです。トレーニングを続けて、吠える対象物に慣れてきたら、おやつのグレードを下げても大丈夫です。

そして、掃除機のスイッチを入れる時間をだんだん伸ばしていきます。かなり長く入れられるようになったら少し動かしてみましょう。最初は、サニーから遠い場所で行い、徐々に近づけるようにします。動かすときは、掃除機のヘッドが犬に向かっていく方向にならないよう動すことが大事です。たとえば犬がケージに入ってる場合にはヘッドをケージと平行に動かし、ヘッドと犬が対面しないように注意します。

モンダイ行動 part 10

サニーは、掃除機に吠えるよりも食べたいおやつがあったので、掃除機に吠える行動を食べる行動で抑えるトレーニングが成功しました。今では「お掃除」と言ってボールを見せると、自らハウスに入り、掃除機のことなんてどうでもいい感じだそうです。ただ不思議なことに、吠えられてうるさかったはずの飼い主さん、あまりにも無視されるとちょっぴり寂しい気もするそう。人は不思議な動物ですね（笑）。

去勢手術と吠えの関係

『ヤマト』の場合
（ノーフォーク・テリア／♂／２歳）

散歩中にほかの犬に吠えることがあるということで、相談を受けました。ご自宅に伺ってみると、家の中でもかなり吠えます。その吠える行動に対して、飼い主さんの対処はまちまちでした。私が伺ったときはずいぶん吠え続けていたのに、飼い主さんはとくに何もしていませんでした。

そこで、いつもはどうしているのか尋ねると、「宅配の人などが来たときには、トイレに入れると静かになる」とのこと。実際にそうしてもらったのですが、とくに吠えが収まる気配はありませんでした。飼い主さんは「いつもは収まるんですが……」とおっしゃいますが、それはあくまで宅配の人が来たときのこと。どうやら、家の中にまで人が入ってきた場合はまた勝手が違うようです。

トイレに入っていることが、行動をやめてくれるための「罰子《ばっし》」（※）になっていない

※ここで使う「罰」の文字は、本来の意味とは異なり「行動が減るきっかけになること」を意味します。逆に行動が増えるきっかけを「強化子」と言います。

ようなので、トイレに入れるのはやめて、吠えたらハウスに戻し、布で目隠しをしてもらうようにしました。すると、初めは目隠しをされたストレスでさらに大きく吠え始めましたが、それが永遠に続けられるわけはなく、やがて吠えるのをやめました。吠えの勢いがすごかった割には、十数分くらいで収まったのです。

静かになったので、飼い主さんに布を外すようお願いしたのですが、布をすべて思い切り外してしまったので、当然ヤマトは刺激されて、出してもらえるものと思ってまた激しく吠え始めました。再度吠えるのは想定していたので、これは私の指示ミスでした。ご主人に布を外す意味を説明し、ヤマトが静かになったら外が見えるように少しだけめくって、吠えたらまたすぐに覆ってもらうようにお願いしました（P35～「ケージ内での要求吠え」参照）。

このときの布で覆う、外すという作業は、「吠える＝布で覆う＝ヤマトの嫌なことが起きる＝罰子＝行動をやめる」、「静かになる＝布を外して外（飼い主の姿）が見えるようにする＝ヤマトのうれしいことが起きる＝強化子＝行動を繰り返す」という仕組みを利用して、ヤマトに学習をさせるという主旨があります。トイレに入れるという罰子に比べて、ハウスに入れて目隠しするという罰子と静かになったら外してくれるという強化子が、ヤマトにとってはわかりやすかったようで、ヤマトはすぐに学習し始めました。

家の中での吠えはだんだん改善されてきましたが、ヤマトのもともとのお悩みは、散歩中ほかの犬に吠えてしまうこと。そのなかのひとつとして、「家族以外の人が一緒に散歩についていくと、ほかの犬に対する吠えがひどくなる」というものがありました。家族だけのときはよく会う柴犬に吠えないのに、家族以外の人がいると激しく吠えたので、柴犬の飼い主さんも驚いたことがあるそうです。ただヤマトは、その柴犬の飼い主さんにはなでてもらって喜ぶのですが、柴犬のほうにはあまり興味はなさそうだということでした。それはおかしいので、「家族以外の人がいたとき、ヤマトを飼い主さんにあいさつさせたか」を確認したところ、させなかったことがわかりました。

そこで私は飼い主さんに、家族だけの散歩のときにその柴犬に会っても、柴犬の飼い主さんにあいさつをさせないようお願いしてみました。すると、ヤマトは吠えたそうです。ヤマトが吠えていたのは、「柴犬の飼い主さんとごあいさつがしたい」という要求吠えだったようです。

ちなみに「家族以外の人がいる散歩」とは、私の前にお願いしたドッグトレーナーさんが一緒にいたときで、そのときはトレーナーさんの指示により、柴犬の飼い主さんとあいさつはさせなかったそうです。ヤマトの要求吠えを改善するには、吠えたら柴犬の飼い主さんからわざと遠ざかったり、おいしいもので気を引いて、あいさつしないでやり過ごす練習をするとよいでしょう。このときに使う〝おいしいもの〟は、柴犬の飼い主さんより魅力的なものでなければなりません。

柴犬に対する吠えは、「飼い主さんとあいさつがしたい要求吠え」でしたが、本当に犬に向って吠えることも多いようです。ではどの犬にも吠えるのかということ、吠える相手と吠えない相手がいるということでした。ヤマトが吠えない犬は、ミニチュア・ピンシャーの『チャッピー』くん、アメリカン・コッカー・スパニエルの『ビーノ』おじいさん、ラブラドール・レトリーバーの『フィーユ』

ちゃん、ポメラニアンの『タロウ』くん、トイ・プードルの『モモ』ちゃんだそうです。

犬は、6カ月齢までに会ったことのある犬とは仲良くできることが多いようですが、それ以降に会った犬とはやはり相性の良し悪しが存在するようです。そこで、ヤマトが6カ月齢より前に会ったことがある犬がいるか聞いてみると、チャッピーくんが該当しました。ちなみにフィーユちゃんは1歳時、ビーノじいさんとタロウくん、モモちゃんは2歳時。6カ月齢に会っているチャッピーくんとは友達になれたので、吠えない可能性は高いです。

次に私は飼い主さんに、散歩に出たときに(可能であれば)ヤマトが吠えなかった相手の犬の性別とオスならば去勢手術の有無を教えてもらうようお願いしてみました。とても面倒な作業だったにもかかわらず、飼い主さんはきちんと調べてくれました。結果は、その日に出会って吠えなかった犬3頭のうち、2頭はメスで、1頭は去勢したオスでした。どうやら私の推測は当たっていたようです。

前に吠えなかったフィーユちゃんとモモちゃんはメスでした。ビーノおじいさんは老犬なので、吠えなかったと考えられないこともありません。タロウくんの去勢手術の有無については確認はできませんでしたが、おそらく去勢済だった可能性は低くないと思います。

ちなみに、ヤマトは去勢手術をしていません。飼い主さんの「自然なままにしてやりたい」という意見によるものだそうです。しかしそれは本当に自然な形なのでしょうか？　吠えなかった相手の犬のデータからも、ヤマトの吠えは、おそらく去勢手術をすることで劇的に改善しやすくなるかと思われたのでおすすめしましたが、飼い主さんはやはり手術しないと決断されました。

ヤマトの吠えは、道行く人がびっくりして

振り返ったり、ヤマトの姿を見つけると逃げていく飼い主さんと犬もいたりするくらいの激しいものでした。しかし、適度な距離を確保しながら「ヤマトが犬を見つけたらおやつで気を引き、座らせて与える」というトレーニングを実施してもらうことで、少しずつ改善が見られるようになりました。

それを続けてもらいつつ、飼い主さんが発案した「吠えたらハーネスごと持ち上げる」ことを実行しました。ヤマトは持ち上げられるのが嫌いだったようで、吠えることが減ったそうです。犬にとって、四肢が地面から離れるのは不安ですから、罰子（行動を減らす要因）として成り立ったと考えられます。このおやつ&持ち上げる方法で、ヤマトは何と犬がたくさんいる公園でも、おやつで誘導することによって5ｍくらい離れて、さらに飼い主さんが相手の犬側に立つようにするなどの工夫をすれば、吠えないでいられるようになったそうです。

ヤマトのケースは、こうした飼い主さんのがんばりで、去勢手術をしなくても改善が見られました。しかしやはり去勢手術をすれば、ほかのオス犬に対する攻撃的な吠えなどの行動はもっと緩和されやすいはず。今後続けていくトレーニングもずっと楽になるだろうという思いは消すことができません。そして、メスからの性的刺激を受けてもヤマトが我慢しなければならない状況は、やはり自然なことだと思えないというのが正直な私の気持ちです。

『動物行動医学　イヌとネコの問題行動治療方針』（チクサン出版社刊／Karen L.Overall著・森裕司監修）によると、「攻撃行動とホルモンの相互作用は複雑である」としながらも、「攻撃行動だけに限定した研究では、去勢されていないオスは、去勢されたオスより攻撃行動にかかわることが多いことが示されている。テストステロンは行動調節因子として、犬がより激しく反応するように働く。去勢されていない犬は、いったん何かに反応するとなると、去勢された犬よりもすばやく、激しく、長く反応する」とされています。この研究から、「攻撃的な要素が含まれる吠えや噛みつきなどの行動、あるいはほかの飼い主さんにとって不都合な行動をを改善する場合、去勢手術をしたほうが楽だろう」と私が感じたことは、裏付けられるかと思います。

column

不妊・去勢手術は犬のためになる？

不妊・去勢手術については、あくまでドッグトレーナーの視点から、ふだんの生活におけるメリット・デメリットについてお話しできるくらいです。ただ、飼い主さんからはよく相談を受けますので、自分の見解をお話ししたいと思います。

わが家の犬たちのうち、4頭のオスは成犬になる前に去勢手術を済ませています。メス1頭は、一度出産をしてから不妊手術を行いました。出産をさせた理由は、ドッグトレーナーとして「母犬や群れの犬たちが子犬をどのようにしつけるのか」を見たいという目的があったからです。生まれた子犬たちは、責任持って飼い主を見つけ、それぞれ無事に嫁いでいきました。

出産を終えた後、すぐに不妊手術はしませんでした。しかし『フーラ』のヒートが来たときのフーラ自身と、ほかのオスたちの様子を見ていると、何だかかわいそうになってしまいました。メスのヒートでは、出血が終わるころに「フラッギング」というオスを誘う行動が出てくるのですが、これは数日続きます。一生懸命お尻を『コタロー』に向けて誘うので、コタローもマウンティングをし、「ペルヴィックスラスト」という腰を動かす行動を見せます。でも去勢しているので交尾できるはずもなく、フーラもコタローも、「あれ、何かヘンだなあ」というように戸惑っていて、明らかに不完全燃焼な様子。性的ストレスがかかっていることは明らかでした。

おまけに、それに刺激を受けた『アクセル』がイライラし、コタローに当たって吠えてみたり、しまいには『フーラ』の上に乗るコタローの上にアクセルがマウンティングをするようなことにもなりました。彼らの性的ストレスの高さを感じたので、フーラをハウスに入れて隔離したりもしましたが、私を含めて、誰も幸せでなかったことは事実です。

さすがにフーラの不妊手術を考えていたところ、卵巣に腫瘍《しゅよう》らしきものが見つかったので、迷うことなく手術することにしました。手術をしてから1年以上経ちますが、わが家の群れは平和な日々を送っています。フーラの性格は変わりありませんし、ヒートの出血による汚れの被害もまったくありません。

また、私の友人宅に遊びに行ったときのことです。友人が飼っている、未去勢のM・シュナウザーが散歩から戻って来ると、どこかで発情したメスの臭いを嗅いでしまったようで、ヒンヒン言ってよだれを垂らしていました。まだフーラがいなかったころなので、コタロー（なぜかいつも、去勢していないオスに狙われてしまいます……）に一生懸命マウンティングをしようとしていたときは、何とも気の毒な感じでした。

友人が何度止めてもやめる気配はまったくなく、「何かに取りつかれている」という表現が当てはまるような感じでした。結局ハウスに入れられてしまいましたが、ハウスの中からしばらく、わが家の〝玉なしくん〟に向かって切ない声を出してい

ました。じつに気の毒な様子で、高い性的ストレスがかかっているようでした。

不妊・去勢手術をしたくない飼い主さんが理由として挙げるのが、「自然なままにしてやりたい」ということですが、このようなケースは本当に「自然」なのでしょうか？「交尾したい」という体の欲求を満たしてやることはせず、交尾できないことのストレスから発生する問題行動、吠える、攻撃的になる、脱走するなどの行動をしつけで我慢させるのは、自然なことなのでしょうか……？

だからと言って「毎回交尾させて子犬を産ませます！」というのは、一般の飼い主さん宅では現実的ではありませんし、無計画な出産で子犬がたくさん生まれることは、殺処分ゼロを目指す現在の社会において問題にもなり得ます。

出張トレーニングで問題行動を抱えたたくさんの犬たちに会ってきて、やはり去勢していないオスの行動にはどこか神経質で猛々しさがあると感じます。とくにオスであるがゆえの吠え、侵入者（来客）に対する吠えや噛みつきなどの攻撃性で悩んでいる場合には、去勢するメリットは大きいと思えるのです。少なくとも、なわばりを意識したマーキングについては、劇的に減るケースが多くなっています。オスであることが原因で出ている問題行動は、改善しやすくなると思われます。

メスにおける不妊手術のメリットは、オスほどわかりやすくはないと思います。それでも、偽《ぎ》妊娠（※）でぬいぐるみをハウスに持ち込んで、それを守ろうとする攻撃性が出てしまったりする場合、もしそれで飼い主さんに叱られてしまったとしたら理不尽ですよね。実際にぬいぐるみを守っている姿を見ると、何だか切なくなってしまいます。本来あるべき姿、それができないつらさを感じてしまうのです。

また、医学的なメリット・デメリットもあります。詳しくは獣医師の意見を聞いてほしいと思いますが、ドッグトレーナーレベルで知っておくべきこともいくつかあります。

主なメリットは、オスに多い病気（前立腺肥大、会陰《えいん》ヘルニア、肛門周囲腺腫《せんしゅ》、包皮炎《ほうひ》など）を予防、改善できること。行動では、なわばりに対する尿マーキング、性的マウンティング、オス同士の攻撃性の抑制があります。メスでは、乳腺腫瘍を予防することができる（ヒートの回数によって予防率は変化します）、メス同士の攻撃性、偽妊娠による占有性攻撃性が抑制できることなどが挙げられます。

デメリットとしては、オスメス共通して、入院、麻酔、痛みなどのストレスがかかります。また、手術におけるリスクは低いものの、絶対無事に終わるとは言えません。後は、ドッグショーに出陳できなくなること。不妊・去勢手術をしていると出られない、という決まりのようです。

※妊娠していないのに、まるで妊娠したかのような状態になること。

モンダイ行動 part 11

留守番のこと

あなたの愛犬は、留守番が苦手ではありませんか?
上手な留守番を練習させるためには、犬の観察力を把握しておく必要があります。

「お出かけ」はなぜバレるのか

『マックス』の場合
（ボーダー・コリー／♂／3歳）

「出かけるときに犬が騒ぐのを何とかしたい」という相談を受けました。留守番が大嫌いな『マックス』は、飼い主さんの外出を見抜くのがとても上手なのだそうです。インターネットで得たしつけの情報によると、「出かけるときの格好をしていながら出かけない」ということを繰り返して学習させれば大丈夫、ということで、飼い主さんはいろいろやってみたそうです。

まず、出かけるときの服を着て玄関に行くふりをしてみましたが、マックスは反応せず。反応しなければ、それに慣らす作業ができませんので、マックスが「飼い主さんが出かける！」と気付く行動を見つけなければなりません。

出かけるときの服を着た上にバッグを持ってみたり、「行って来まーす」と言いながら玄関に行ってみてもダメ。もっとも「行って来ます」は、誰かが家にいないと不自然ですよね。犬はそんなことはちゃ～んとわかっていますので、ご注意を。

いろいろやってみたのに「フリ」だと反応しなかったマックスですが、ある日、飼い主さんが本当に出かけようとお化粧をしていたときのこと。途中で宅配便が来たので玄関に向かうと、マックスが騒ぎ始めました。どうやら、マックスの判別ポイントは「お化粧をすること」だったようです。実際に飼い主さんは、ほぼ100％、スッピンで外に出ることはないそうです。犬の観察力は、時に私たちの想像をはるかに超えます。

犬の観察力のすばらしさと言えば、わが家の『アクセル』もこんなことがありました。ある朝、近くの自動販売機にジュースを買いに行こうと小銭を握りしめると、手の中でかすかに「チャリ」とコインがぶつかり合う音がしました。金属音に対する犬の反応は敏感で、アクセルがこちらを見ました。その顔がかわいくて、思わず「お前も一緒に行く？」と、軽い気持ちで連れて行ってしまったのです。

それ以来、どんなにこっそり家を出ようとしても、小銭がふれ合うかすかな音を聞きつけると、アクセルが飛んでくるようになりました。そして「自分も行きたい！」と言っているかのように、キュンキュン鳴いて主張するようになってしまいました。幸い、アクセルとはK9ゲームのトレーニングをずっと一緒にしてきましたので、玄関でアクセルに「マテ」と指示して家を出るようにしたら、騒がなくなりましたが、あれほどのわずかな音を学習するなんて……。犬は本当に繊細で賢いんだなと改めて実感した次第です。家を出るときに小銭じゃなくて財布を持って行け、とのご意見もあるかとは思いますが（苦笑）。

さてマックスですが、お化粧しただけで騒がれるのは困るので、まずは犬との正しい関係を作るためのベースプログラム（詳しくは『犬のモンダイ行動の処方箋』Ｐ22～参照）を実施するよう、飼い主さんにお願いしました。また飼い主さんには、出かけなくてもお化粧をして家にいる日を作るようにアドバイスしました。

飼い主さんは、夜はマックスと一緒に寝ていました。それは留守番のときの別れを感じやすくさせてしまうことがあるので、一時中止していただきました。さぞ嘆かれるかと思いきや、意外にもできれば別で寝たかったそうです。その代わり、日中の付き合いにメリハリを持たせて、うんとかまってやるように、そして無視する時間もしっかりと作るようにお願いしました。

そのころちょうど奥さんは妊娠していたので、無視する時間は長めにしてもらいました。赤ちゃんが生まれたら、犬にはなかなかかまってやれなくなります。見慣れないもの（赤ちゃん）が現れるわ、飼い主さんからは急に無視されるわでは、マックスもストレスが大きいかと思うので、今から無視される時間に慣れてもらうことも大切です。

それと、ボーダー・コリーはかなり運動量が必要な犬種なので、散歩は十分にさせてエネルギーを消費させることなどもお願いしました。これは、だんだん大きくなるお腹では大変な作業になるので、ご主人の役目になりそうです。

その後お子さんが生まれ、飼い主さんはやはりほとんどマックスをかまってあげられなくなったそうです。かわいそうだけれど、無理なものは無理。飼い主さんも潔くマックスを無視。そうなると、さすがのマックスもあきらめたようで、安定したお留守番もできるようになりました。お化粧に反応して騒ぐこともなくなったそうです。

飼い主さんは、お子さんが生まれてからめったにお化粧しなくなってしまったそうですが、いずれにせよ、マックスはとても落ち着いているように見えるとのことです。人にかまわれたい、かまいたい性質のマックスは、子育てにも積極的に参加しているようで、お子さんとの関係も良好。ちょっとお兄ちゃんに見えるようになったそうです！

あとがき

2012年9月。保護犬だった『エリオス』と出会って、私の人生は大きく変わりました。

日本では毎日、何の罪もない犬猫たちが1000頭近く殺されています。それは「殺処分」と呼ばれ、多くは動物愛護センターのような施設で行われています。

もちろん、愛護センターでは、命を守ろうと引き取ってくれる飼い主さんを探していますし、保護団体と協力してできるだけ多くの動物たちを助けようと尽力されています。ただ、期限までに飼い主さんが見つからない場合には、殺処分するしかないというのが現状なのです。

犬たちが愛護センターに連れて来られる理由はさまざま。引っ越し先で犬が飼えない、子どもが犬アレルギーになった、成長したら毛色が変わってしまったのが嫌、老犬になって手間がかかる、問題行動が出て困った、繁殖に使えなくなったので業者が捨てる……。ほかにもいろいろあるようですが、私はどれも理解できません。連れて来られた動物たちは、一定の猶予期間を与えられるものの、期限までに飼い主が見つからなければガスによって殺処分されてしまうのです。

このような施設以外でも、悲惨な目に遭っている犬たちがいます。彼らは子犬を産ませるためだけにケージに閉じ込められ、その中で一生を終えることもあるそう。

糞尿まみれの妊娠したポメラニアンは、毛玉だらけで犬種もわからないくらいで、爪は魔女のように伸び放題。何度も帝王切開させられた傷跡のあるチワワは、粗悪なフードしか与えられず、あごの骨は溶けている……。産めなくなったら死ぬまで放置されるこの子たちが、あなたの愛犬のお母さんかもしれないのです。

犬が好きで犬に携わる仕事をしている以上、知らなかったでは済ませたくないし、何とか自分にできることをしたいと思っています。前から保護犬を迎えてみたかったのですが、何か一枚壁のようなものがあり、踏み出せずにいました。しかし「縁」は、それをいとも簡単に破ってやって来ました。エリオスと私は、出会う運命だったと感じています。

こうやって里親になる以外でも、保護団体主催の譲渡会に行ったり、その存在を口コミで広げたり、シーツやフード、使っていない犬グッズなどを保護団体に寄付するなどの支援は可能です。

「助ける人がいるから、捨てる人がいるんだ」という考え方もあるでしょう。しかし消される命があることを知ったとき、その命の灯を守るために尽くしたいと思うのは、人として当然のことではないでしょうか。今できることは小さなこと。でも、それがやがて大きな力になると、私は信じています。

エリオスは今、わが家の犬たちと一緒に、カーペットの上で気持ち良さそうに寝ています。生きていてくれて、ありがとう。そして私のところへ来てくれて、ありがとう。

[著者紹介]

中西典子（なかにし のりこ）

家庭犬訓練所勤務ののち、『ドッグテックインターナショナル』（オーストラリア）にてドッグトレーニングアカデミーを修了。帰国後、2002年にしつけの出張指導を行う『Doggy Labo』を立ち上げる。日本メンタルドッグコーチ協会代表理事、アラン・コーエン公認ライフコーチ、プロフェッショナルドッグセラピスト。K9ゲームオフィシャルプロメンバーNo.23。愛犬はミニチュア・シュナウザー5頭。
http://www.doggylabo.com

犬のモンダイ行動の処方箋2

Midori Shobo Co.,Ltd

2013年4月20日 第1刷発行
2018年2月20日 第2刷発行

著者 中西典子
発行者 森田 猛
発行所 株式会社 緑書房
〒103-0004
東京都中央区東日本橋2丁目8番3号
TEL 03-6833-0560
http://www.pet-honpo.com

印刷 図書印刷株式会社

ISBN 978-4-89531-146-5
Printed in Japan

カバー・本文デザイン／野村道子（BEE'S KNEES）
イラスト／ヨギトモコ
写真／岩崎 昌、中西典子